LAJI CHULI PPP XIANGMU JIXIAO ZHIBIAO TIXI YANJIU
JIYU GONGZHONG LIYI SHIJIAO

垃圾处理PPP项目绩效指标体系研究
——基于公众利益视角

张维 张帆 罗志红◎著

教育部人文社会科学研究青年基金项目（17YJC630216）
江西省社会科学基金项目（21GL21）
江西省高校人文社会科学研究青年项目（GL19202）
东华理工大学地质资源经济与管理研究中心   联合资助
东华理工大学资源与环境经济研究中心
东华理工大学资源与环境战略研究中心

安徽师范大学出版社
ANHUI NORMAL UNIVERSITY PRESS
·芜湖·

图书在版编目(CIP)数据

垃圾处理PPP项目绩效指标体系研究:基于公众利益视角 / 张维,张帆,罗志红著.—芜湖:安徽师范大学出版社,2022.6

ISBN 978-7-5676-5729-8

Ⅰ.①垃… Ⅱ.①张… ②张… ③罗… Ⅲ.①垃圾处理—基本建设项目—研究—中国 Ⅳ.①X705

中国版本图书馆CIP数据核字(2022)第101623号

垃圾处理PPP项目绩效指标体系研究:基于公众利益视角

张维　张帆　罗志红◎著

责任编辑:孔令清　　　　　　责任校对:盛　夏

装帧设计:张德宝　冯君君　　责任印制:桑国磊

出版发行:安徽师范大学出版社

　　　　芜湖市北京东路1号安徽师范大学赭山校区

网　　　址:http://www.ahnupress.com

发 行 部:0553-3883578　5910327　5910310(传真)

印　　刷:苏州市古得堡数码印刷有限公司

版　　次:2022年6月第1版

印　　次:2022年6月第1次印刷

规　　格:700 mm × 1 000 mm　　1/16

印　　张:13.5

字　　数:220千字

书　　号:ISBN 978-7-5676-5729-8

定　　价:46.80元

凡发现图书有质量问题,请与我社联系(联系电话:0553-5910315)

前　言

2014 年以来，PPP（Public-Private Partnership，公私合作）模式在全国范围大规模推广。随后，参与 PPP 项目的社会资本开始直接向公众提供公共产品和服务。

作为公共服务，生活垃圾处理具有显著的规模效应，一般由一个或少数几个社会资本提供。因此，每个生活垃圾处理 PPP 项目都会为区域内的广大居民群众提供服务。据财政部发布的《关于在公共服务领域深入推进政府和社会资本合作工作的通知》（财金〔2016〕90 号），各地新建垃圾、污水处理项目要"强制"采用 PPP 模式。根据财政部政府和社会资本合作中心（CPPPC）项目管理库的 PPP 项目公开信息，以"垃圾"为关键词进行搜索，截至 2020 年 3 月 28 日，全国已有进入执行阶段的各类垃圾处理服务类 PPP 项目共计 518 项。其中，国家示范项目 94 项，项目投资总额超过 600 亿元。以江西为例，笔者做本书研究时进入执行阶段的各类生活垃圾处理 PPP 项目共计 31 项，项目投资总额已超过 100 亿元。垃圾处理与公众生活息息相关，垃圾处理 PPP 项目与老百姓生活紧密相连，项目运营关系公众利益和社会和谐发展，必须特别重视项目管理，保护公众利益。

财政部在《政府和社会资本合作项目财政管理暂行办法》（财金〔2016〕92 号）中明确指出："各级财政部门应当会同行业主管部门开展 PPP 项目绩效运行监控，对绩效目标运行情况进行跟踪管理和定期检查，确保阶段性目标与资金支付相匹配，开展中期绩效评估，最终促进实现项目绩效目标。监控中发现绩效运行与原定绩效目标偏离时，应及时采取措施予以纠正。"根据财政部发布的《关于规范政府和社会资本合作（PPP）综合信息平台项目库管理的通知》（财办金〔2017〕92 号），未建立按效付费机制的 PPP 项目不得入库。2017 年，财政部、住房和城乡建设部、农业部和环境保护部联合发布《关于政府参与的污水、垃圾处理项目全面实施PPP模式的通知》（财建〔2017〕455号），提出"以全面实施为核心，在污水、垃圾处理领域全方位引入市场机制，推进PPP模式应用，对污水和垃圾收集、转运、处理、处置各环节进行系统整合，实现污水处理厂网一体和垃圾处理清洁邻利，有效实施绩效考核和按效付费，通过PPP模式提升相关公共服务质量和效率"。

由此可见，绩效管理是规范垃圾处理PPP项目管理的重要环节，根据绩效考核结果实施按效付费是引导垃圾处理服务实现PPP项目推广初衷的有力保障。绩效管理中，绩效指标制定是核心内容。绩效考核和按效付费中，绩效指标制定是关键。因此，设置合理的绩效指标是按效付费机制得以有效实施的基本条件。

此外，一旦社会资本和政府签署正式合同，绩效指标便成为决定社会资本服务方向和服务效果的主要引导工具，将直接影响社会资本收益。所以，在政府和社会资本合作谈判中，绩效指标制定是政企双方关注的核心问题。

公共服务领域推行PPP模式的初衷是希望借助社会资本的专业服务优势提升公共服务供给绩效，向社会公众提供满意服务，提升公众的幸福感和获得感，保护公众利益。按效付费机制下，绩效指标制定是政企双方合作谈判的关键，也是保障公众利益的重要工具。然而，垃圾处理PPP项目合作谈判通常缺乏公众参与。在绩效指标制定中，体现公众利益则成为保障公众利益的前提。因此，有必要从公众利益的角度对垃圾处理PPP项目的绩效指标体系进行研究。

本书立足于公众利益视角研究垃圾处理PPP项目的绩效指标体系构建。首先，从PPP项目、垃圾处理项目、利益相关者确定、利益相关者关系、公共服务规制、PPP项目绩效规制和公众利益等方面梳理相关文献，进而把握国内外研究现状并找准开展研究的基准坐标。其次，基于公共产品民营化理论、利益相关者理论、激励规制理论、公共利益理论、绩效管理理论和路径依赖理论等构建研究基本理论框架并奠定研究的理论基础。然后，根据研究理论框架设定，从政府供给模式下垃圾处理服务绩效指标演变路径分析、PPP模式对垃圾处理服务绩效指标制定的影响、基于公众利益的垃圾处理PPP项目关键绩效指标关系分析和基于公众利益的垃圾处理PPP项目绩效指标制定边界分析等四个方面，阐释公众利益视角下垃圾处理PPP项目绩效指标体系的构建和分析。最终，得到如下研究结论。

（1）政府供给模式下的垃圾处理服务绩效指标制定存在路径依赖。政府供给模式下，从中央政府或地方政府制定的垃圾处理服务绩效指标体系可知：长久以来，环境效果都是政府关注的重点。伴随社会经济发展、垃圾产业化水平提升和公众需求变化，环境效果的内涵总是处于不断丰富发展的状态。总体来说，政府对于垃圾处理服务和环境效果的重视从未改变。

（2）PPP模式对垃圾处理服务绩效指标制定会产生影响。政府供给模式下制定的垃圾处理服务绩效指标主要集中在公众能够感知且与服务产出相关的显性指标方面，政府针对垃圾处理服务供给而提供的诸多条件保障和相关要求并未体现出来。当垃圾处理服务由社会资本提供时，社会资本主要依照PPP项目合同中的绩效要求提供服务。为了确保服务质量，政府在制定垃圾处理PPP项目绩效指标时需要将那些在传统供给模式下的隐性绩效要求进行显化处理。所以，垃圾处理服务绩效指标制定思路和结果也会因此而发生变化。比如，参照政府出台的《政府和社会资本（PPP）项目绩效管理操作指引》（财金〔2020〕13号），在项目运营期，制定垃圾处理PPP项目绩效指标时，除了需要考虑服务运营、成本和安全等产出指标外，还需要融入生态、经济、社会满意度、服务持续性等效果指标以及预算、信息公开和监督等相关管理指标。

（3）公众利益会影响垃圾处理PPP项目关键绩效指标之间的相互关系。根据让·雅克·拉丰和让·梯诺尔的激励规制理论，影响社会资本垃圾处理服务供给决策的关键绩效指标包括服务数量、服务质量、社会资本努力水平、服务成本和技术效率水平。无论政府对社会资本提供的垃圾处理服务绩效要求如何变化，社会资本进行垃圾处理服务供给决策时考虑的关键绩效指标都是相对稳定的。所以，可以通过对关键绩效指标之间的互动关系进行推演而推断社会资本的经营决策。在垃圾处理服务中，如果对公众利益给予特别关注，将影响这些关键指标的互动关系，进而影响社会资本的经营决策。为了体现并保障公众利益，政府和社会资本在协商确定垃圾处理PPP项目绩效合同条款时需要考虑关键绩效指标变化，并针对具体服务要求保留适当的变化空间。

（4）公众利益的考量会影响垃圾处理PPP项目关键绩效指标之间的互动变化边界。根据让·雅克·拉丰和让·梯诺尔的激励规制理论，以公众利益保护为出发点并结合垃圾处理服务归属于经验品的特征求解社会福利最大化条件下的最优绩效激励规制方案时，技术效率水平、服务数量、服务质量、社会资本努力水平和服务平均成本等关键绩效指标之间展现出相互关联且彼此牵制的变化状态，对社会资本提供垃圾处理服务的总效用、当期效用和转移支付产生影响。所以，政府和社会资本进行垃圾处理PPP项目合作谈判时需要均衡各关键绩效指标变化。

我们在撰写书稿的过程中得到了很多人的帮助。首先，感谢研究团队的其他成员，其中包括朱青教授、周明教授、张延飞教授和郑鹏博士，感谢他们在课题申报、研究任务分配、研究框架构建、问卷调查和研究资料整理方面付出的努力。其次，感谢李兴平教授、赵建彬博士、张海宽博士和孙琪霞老师等，他们曾就书稿结构和内容安排提出建议，对本书的写作有很大启发作用。最后，感谢参与问卷调查的环卫服务人员，他们为本书的写作奠定了重要的信息基础。

然而，由于作者学术水平有限，本书难免存在缺陷和不足之处，文责自负，敬请读者同仁批评指正。

目　录

第一章 绪 论

第一节 研究背景和研究意义

一、研究背景

2014 年以来，PPP（Public-Private Partnership，公私合作）模式在全国范围大规模推广。随后，参与 PPP 项目的社会资本开始直接向公众提供公共产品和服务。社会资本的介入具有缓解公共服务供给中的资金短缺问题，降低服务成本，提高公共服务绩效，促进政府职能转变和新型财政体制建立等优点（亓霞、王守清、李湛湛，2009），使得 PPP 模式成为提升公共服务供给效率的重要工具而被各级政府迅速接受。截至 2016 年 10 月 31 日，据全国 PPP 综合信息平台项目库统计，全国范围内入库项目共 10 685 个，入库项目金额超 12.7 万亿元。可见，PPP 项目规模大，发展速度快。

据财政部发布的《关于在公共服务领域深入推进政府和社会资本合作工作的通知》（财金〔2016〕90 号），"在垃圾处理、污水处理等公共服务领域，项目一般有现金流，市场化程度较高，PPP 模式运用较为广泛，操作相对成熟，各地新建项目要'强制'应用 PPP 模式，中央财政将逐步减少并取消专项建设资金补助。"在"强制"实施政府和社会资本合作模式的背景下，大量垃圾处理服务开始以 PPP 项目的形式出现在社会生活中。根据财政部政府和社会资本合作中心（CPPPC）项目管理库的公开信息，以"垃圾"为关键词进行搜索，截至 2020 年 3 月 28 日，全国已有进入执行阶段的各类垃圾处理服务类 PPP 项目共计 518 项，其中，国家示范项目 94 项，项目投资总额超过 600 亿元。以江西为例，笔者做本书研究时进入执行阶段的各类生活垃圾处理 PPP 项目共计 31 项，项目投资总额超过 100 亿元。

作为公共服务，生活垃圾处理服务供给存在显著的规模效应，一般由一个或少数几个社会资本提供。每个生活垃圾处理 PPP 项目的服务对象都是区域内数量众多的居民群众。由于垃圾处理与公众生活息息相关，垃圾处理 PPP 项目必然与老百姓生活紧密相连，项目运营关系公众利益和社会和谐发展，所以，为了保护公众利益，政府需要特别重视垃圾处理 PPP 项目管理。

为了保证 PPP 项目全生命周期规范实施和高效运营，保障项目顺利进行，避免群体事件发生，财政部在《政府和社会资本合作项目财政管理暂行办法》（财金〔2016〕92 号）中明确指出："各级财政部门应当会同行业主管部门开展 PPP 项目绩效运行监控，对绩效目标运行情况进行跟踪管理和定期检查，确保阶段性目标与资金支付相匹配，开展中期绩效评估，最终促进实现项目绩效目标。监控中发现绩效运行与原定绩效目标偏离时，应及时采取措施予以纠正。"简而言之，即便垃圾处理服务由社会资本直接提供，政府仍需要履行对垃圾处理 PPP 项目的绩效管理职责。根据财政部发布的《关于规范政府和社会资本合作（PPP）综合信息平台项目库管理的通知》（财办金〔2017〕92 号），"未建立按效付费机制"的 PPP 项目"不得入库"。所谓"按效付费"，即政府以绩效指标为依据，对社会资本提供服务的效果进行考核，并按照考核结果支付相关费用。2017 年，财政部、住房城乡建设部、农业部和环境保护部联合发布《关于政府参与的污水、垃圾处理项目全面实施 PPP 模式的通知》（财建〔2017〕455 号），要求"以全面实施为核心，在污水、垃圾处理领域全方位引入市场机制，推进 PPP 模式应用，对污水和垃圾收集、转运、处理、处置各环节进行系统整合，实现污水处理厂网一体和垃圾处理清洁邻利，有效实施绩效考核和按效付费，通过 PPP 模式提升相关公共服务质量和效率。"可见，根据绩效考核结果实施按效付费机制是政府引导垃圾处理服务实现 PPP 项目推广初衷的重要保障手段。

在垃圾处理 PPP 项目的绩效考核和按效付费中，绩效考核是基础和关键，按效付费则是结果和目的。绩效考核中，绩效指标制定是核心内容。因此，设置合理的绩效指标是按效付费机制得以有效实施的基本条件。此外，一旦社会资本和政府签署正式合同，绩效指标便成为决定社会资本服务方向和服务效果的主要引导工具。绩效指标的执行效果将会直接影响社会资本收益。因此，在政府和社会资本合作谈判时，绩效指标制定是政企双方关注的核心问题。

传统公共服务供给模式下，政府作为天然的代理人被赋予保障公共利益的重要职责。供给过程中，非营利性是政府和公众对公共服务的基本定位。在垃圾处理 PPP 项目中，政府和公众之间在传统供给模式下的直接联系因为社会资本的加入而改变，社会资本成为衔接政府和公众信息传递的中间人。垃圾处理服务供给经由传统供给模式下的"公众—政府"一级代理结构转变为 PPP 模式下的"公众—政府—社会资本"二级代理结构。在"公众—政府"结构中，作为服务委托者的公众和服务代理者的政府之间的信息传递链条是双向的：政府可以直接获得公众信息，公众也可以直接获取政府信息。在"公众—政府—社会资本"结构中，信息传递链条被分解为"公众—政府""政府—社会资本"和"社会资本—公众"三条支链。对于这种二级"委托—代理"结构来说，信息传递链条的增加将使公共服务供给过程中的信息不对称情况更加复杂，公众和政府获取彼此的信息都可能需要借助社会资本才能实现；公众真实的垃圾处理服务需求和环境行为模式需要借助社会资本才能传递给政府，政府对垃圾处理服务的基本要求和评价也需要通过社会资本才能传递给公众。这种信息传递方式为社会资本借助自身的信息优势影响垃圾处理服务供给提供了机会。

对那些参与 PPP 项目向社会公众提供垃圾处理服务的社会资本而言，持续盈利是其生存维持继续的基本要求。当社会资本替代政府向公众提供公共服务时，社会资本的营利性和公共服务的非营利性之间可能发生冲突。由于社会资本与公众直接接触，相比政府而言，社会资本在服务供给方面拥有一些信息优势，但这种优势可能因社会资本的营利性而被利用。如果社会资本利用自身的信息优势过度追逐利润，公共服务的公益性可能受到影响，从而损害公众利益。同时，即便垃圾处理服务已经由社会资本负责，公众利益受损时政府却不能置身事外，借助合理的激励规制机制对社会资本实施管理并保护公众利益仍然是政府职责。如果可以通过制定合理的绩效指标来规范社会资本行为，则可以在推广垃圾处理 PPP 项目的同时实现公众利益保护。

综上所述，公共服务领域推行PPP模式的初衷是希望借助社会资本的专业服务优势提升公共服务供给绩效，向社会公众提供满意服务，提升公众的幸福感和获得感，保护公众利益。在按效付费机制下，绩效指标制定是政企双方合作谈判的关键，也是保障公众利益的重要工具。然而，垃圾处理PPP项目合作谈判参与者通常仅限于政府和社会资本，公众在谈判中的缺席使得公众利益需要借助政府才能得到保护。这种现实背景导致政府在绩效指标制定时必须充分体现公众利益成为保障公众利益的基本前提。但是，在传统供给模式向PPP模式转换的过程中，政府尚缺乏相关经验。所以，为了向政府提供相关理论依据，拓宽政府的政策制定思路，有必要从公众利益的角度对垃圾处理PPP项目的绩效考核指标体系进行研究。

二、研究意义

本研究属于管理科学与工程和公共管理的交叉学科，其研究的理论意义在于：

第一，构建垃圾处理PPP项目绩效指标制定的理论分析框架。商业领域的绩效管理理论研究虽然已经较为成熟，但公共服务的绩效管理却因其非排他性、非营利性和普遍供给性等特征而难以直接借鉴相关研究成果。为了提升服务供给效率，政府和社会资本在协商绩效指标制定时需要综合考虑行业特征、政府规制特征和绩效管理的普遍规律。同样地，中国情境下的垃圾处理PPP项目绩效指标体系构建需要考虑垃圾处理服务从政府供给模式向PPP模式转变的背景、产业升级和发展需求、公众利益保障需求以及对社会资本的激励规制等内容。对于垃圾处理PPP项目绩效指标制定来说，由于各国政府的政治经济文化环境存在差异，很难直接借鉴他国成功经验。所以，当公共服务转由社会资本向消费者直接提供后，政府迫切需要借助相关理论指导设计出合理的激励规制，从而促进企业持续努力提升服务质量和供给绩效。基于此，本书结合公共服务民营化理论、利益相关者理论、激励规制理论和公共利益理论，构建垃圾处理PPP项目绩效指标制定的理论分析框架。

第二，基于公众利益视角探索垃圾处理PPP项目绩效指标制定边界。

保障公众利益是公共服务供给的基本原则，以绩效指标为基础对社会资本进行引导和规制是政府保障公众利益、治理PPP项目的主要手段。伴随社会经济发展，公众利益内涵可能发生变化，垃圾处理PPP项目绩效指标体系也可能随之动态改变。如果从社会环境和需求变化的视角考察绩效指标，绩效指标可能随之变化而表现出波动性和多样性特征。然而，根据让·雅克·拉丰和让·梯诺尔的激励规制理论，社会资本对垃圾处理服务进行供给决策时考虑的绩效因素却是相对稳定。所以，如果能够探索识别出绩效指标体系中的关键核心指标并能够分析关键绩效指标之间的变化关系，将有助于在动态发展的过程中掌握绩效指标变化的普遍规律。公共服务绩效水平的提升与各经济变量的状态改善具有协同性，公共服务绩效指标的制定也需要通过探索各经济变量之间的互动关系明确绩效指标制定边界。

基于此，本书根据让·雅克·拉丰和让·梯诺尔激励规制理论，从社会资本决策视角识别影响公共服务供给的服务质量、服务数量、服务价格、社会资本努力和技术效率水平等关键绩效指标，以此为基础从公众利益视角探索垃圾处理PPP项目的关键绩效指标制定边界，从而完善垃圾处理服务的绩效规制研究体系。

本书内容研究的现实意义在于：

第一，为垃圾处理PPP项目绩效激励规制政策制定提供理论依据。政府采购的激励规制理论以西方国家大规模推行公共服务民营化改革为时代背景，以公共服务供给的关键绩效变量关系分析为基础，为很多国家实现公共服务改革目标提供了有效的理论依据。然而，其分析过程缺乏对中国规制背景的关注，难以直接在中国推广西方PPP模式。目前，中国公共服务领域正将激励规制理论的分析框架与中国情境下的具体行业规制相结合，拓宽项目绩效指标制定思路，为PPP项目大规模推广实施提供激励规制政策制定的理论依据。

第二，有助于PPP模式在垃圾处理领域的规范推广。鉴于绩效管理对项目实施的重要影响，针对公共服务领域的PPP项目探讨其绩效管理及绩效指标制定是建设人民满意的服务型政府的必然趋势。对社会资本而言，充分演绎垃圾处理PPP项目特许期内各种因素变化对项目运营的影响边界将有助于提升社会资本应对风险的能力。在PPP项目合作中，政府和社会资本对于 PPP 项目绩效考核指标的认同，将有利于双方谈判顺利推进，降低再谈判可能性，减少谈判成本，从而推动 PPP 项目规范实施并保障公众利益。所以，本书从社会资本决策视角研究影响服务的关键绩效指标之间的互动关系，将有利于政府掌握社会资本行为规律，探索社会资本行为边界，促进 PPP 模式在垃圾处理领域广泛推广。

第二节　研究内容

根据垃圾产生的区域可以将垃圾分为城市垃圾和农村垃圾，按照垃圾来源类别可以将垃圾分为生活垃圾、建筑垃圾和工业垃圾。所以，垃圾处理 PPP 也可被细分为城市生活垃圾处理 PPP 项目、城市建筑垃圾处理 PPP 项目、城市工业垃圾处理 PPP 项目和农村生活垃圾处理 PPP 项目等种类。由于垃圾产生来源、处理方式和环境影响等存在差异，所以相应的垃圾处理 PPP 项目绩效指标体系框架也有所不同。本书篇幅有限，仅针对城市生活垃圾处理 PPP 项目进行分析。为简化表述，文中提及的垃圾处理 PPP 项目也只限于城市生活垃圾处理 PPP 项目。

本书旨在从公众利益视角对垃圾处理 PPP 项目绩效指标体系构建进行探讨，为规范 PPP 项目运营和提升垃圾处理服务绩效提供策略和建议。具体包括以下八章内容：

（1）绪论。

本章包括四个部分。第一部分介绍研究的背景和意义，第二部分介绍研究内容，第三部分介绍研究中主要使用的方法和技术路线，第四部分介绍研究的创新点。

（2）文献综述与研究述评。

本章包括五个部分。第一部分从 PPP 项目和垃圾处理项目两个方面梳理垃圾处理 PPP 项目相关文献，第二部分从利益相关者确定和利益相关者关系分析梳理 PPP 项目利益相关者相关文献，第三部分从公共服务规制和 PPP 项目绩效规制两个方面梳理 PPP 项目规制相关文献，第四部分梳理公众利益相关文献，第五部分对研究文献进行述评。

（3）理论基础和研究框架。

本章由两个部分组成。第一部分是支撑全书分析的相关理论基础，主要包括公共产品民营化理论、利益相关者理论、激励规制理论、公共利益理论、绩效管理理论和路径依赖理论等。第二部分以激励规制理论为基础，从政府供给模式下垃圾处理服务绩效指标制定的路径依赖、PPP模式对垃圾处理绩效指标的驱动调整和公众利益视角的垃圾处理PPP项目绩效指标制定三个层次，构建全书的理论分析框架。

（4）政府供给模式下垃圾处理服务绩效指标演变路径分析。

本章由三个部分组成。第一部分是阐述1949年之后生活垃圾治理历程，第二部分分析政府供给模式下垃圾处理服务管理状况，第三部分分析政府供给模式下垃圾处理服务绩效要求演变。

（5）PPP模式对垃圾处理服务绩效指标制定的影响。

本章由三个部分组成。第一部分阐述PPP项目绩效考核指标体系制定要求。第二部分以浙江省衢州市开化县城乡生活垃圾收集清运项目、江西省九江市湖口县城乡生活垃圾第三方治理PPP项目、贵州省安龙县城乡生活垃圾收运一体化及清扫保洁PPP项目、河北省唐山市乐亭县固废综合处理厂生活垃圾焚烧发电PPP项目和广东省揭阳市绿源垃圾综合处理与资源利用厂项目等为例，进行绩效指标构建分析。第三部分对PPP模式与政府供给模式下垃圾处理服务绩效要求进行比较。

（6）基于公众利益的垃圾处理PPP项目关键绩效指标关系分析。

本章由五个部分组成。第一部分根据基于公众利益对垃圾处理PPP项目关键绩效指标进行识别，从社会资本决策视角识别出服务质量、服务数量、服务价格、服务技术等影响垃圾处理服务的关键绩效指标。第二部分以让·雅克·拉丰和让·梯诺尔的激励规制理论为基础，构建理论研究模型并设定研究假设。第三部分针对服务成本、服务数量、服务质量、社会资本努力和技术效率水平等进行问卷设计。第四部分选择江西省南昌市红谷滩新区、经济技术开发区和新建区为调研区域，针对拟定的5个潜在变量15个题项，对垃圾处理服务从业人员进行调研。第五部分使用结构方程对垃圾处理PPP项目关键绩效指标之间的关系进行实证分析。

（7）基于公众利益的垃圾处理 PPP 项目绩效指标制定边界分析。

本章由三个部分组成。第一部分根据让·雅克·拉丰与让·梯诺尔的激励规制理论和中国垃圾处理服务实践，拟定研究前提假设。第二部分基于公众利益，以社会福利最大化为目标，社会资本进行跨期经营决策为基本特征，对垃圾处理 PPP 项目进行绩效激励规制分析，据此厘清垃圾处理 PPP 项目绩效指标制定边界。第三部分使用 R 语言对绩效激励规制机制分析结果进行模拟仿真分析，进一步探索技术效率水平、服务质量、社会资本努力、服务数量、平均成本、总效用、当期效用和转移支付之间的关系。

（8）结论与建议。

本章由两个部分组成。第一部分对各章研究结论进行总结。第二部结合前面各章分析结论，基于公众利益从统一垃圾处理服务绩效指标评价框架、强化绩效评价的公众参与、完善服务水平评价标准和均衡普通绩效指标对关键绩效指标的影响等四个方面给出建议。

第三节　研究方法

本书内容在研究过程中主要采用了以下研究方法：

（1）文献分析法。

通过文献资料梳理，掌握国内外已有关于 PPP 项目相关政策法规、生活垃圾处理 PPP 项目信息、绩效管理、公共服务、政府规制、规制约束和激励规制理论等研究及实践成果，把握研究对象发展脉络。

（2）问卷调查法。

本书针对江西省南昌市红谷滩新区、经开区和新建区进行实地调研，调查对象为垃圾处理服务从业者，主要包括垃圾清扫和运输服务从业人员；调研数量根据量表的问题数量确定，但不少于问题数量的 15 倍；调查方式为随机拦截访问形式。

（3）结构方程模型（SEM）。

对垃圾处理 PPP 项目关键绩效变量之间的关系，使用结构方程模型进行分析。本书结合中国垃圾处理产业特征和 PPP 项目规制要求设置概念模型并针对环卫工作人员进行调研，使用结构方程模型对调研数据进行分析，从而验证垃圾处理PPP项目关键绩效变量之间的关系。

（4）仿真模拟。

垃圾处理PPP项目绩效激励规制分析结果其表达形式比较抽象，不容易直观判断关键绩效指标之间的关系。本书使用R语言对垃圾处理PPP项目绩效激励规制分析结论进行仿真模拟，进一步探索并展现各变量之间的关系。

结合研究内容和研究方法，本书在明确研究问题的基础上，按照图1.1所示技术路线展开研究。

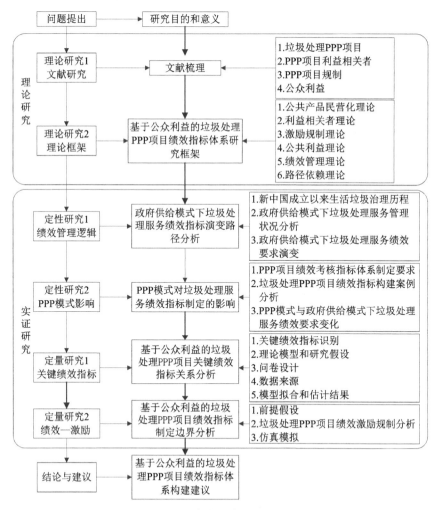

图1.1 本书研究技术路线

第四节　研究创新点

本书从公众利益视角探讨垃圾处理PPP项目绩效指标体系构建，创新之处体现在以下三个方面。

第一，拓展了现有理论分析框架。已有关于公众利益、垃圾处理PPP项目和绩效管理的研究是三个相对独立的研究领域。公众利益侧重于从行政程序和公众利益表达方面展开研究，垃圾处理PPP项目主要研究项目风险分配和价格机制形成等内容，绩效管理主要以企业或常见工程项目为研究对象，针对PPP模式展开的研究并不多。

本书以让·雅克·拉丰和让·梯诺尔的激励规制理论和公共产品民营化理论为基础，由公共产品民营化理论引入利益相关者理论，并结合PPP项目规制和公众利益研究理论，按照理论基础到作用机制再到影响路径的理论分析思路，构建了公众利益对垃圾处理PPP项目绩效激励规制影响机制分析的基本理论框架，实现公众利益、垃圾处理PPP项目和绩效激励规制分析在理论层面的逻辑融合，拓展了现有理论分析框架，为本书的实证研究奠定基础。

第二，完善了已有研究方法。既有研究对中国垃圾处理绩效水平影响因素进行分析时，依托于政府供给模式，将服务绩效的内涵主要限定在服务质量的范畴。然而，按照最新发布的《政府和社会资本合作（PPP）项目绩效管理操作指引》（财金〔2020〕13号），PPP项目绩效可以扩展为项目运用社会资源后的总体效果，具体来说，不仅包括服务质量和服务数量，还包括社会资本对项目的管理效果以及项目运营后对生态环境的影响等。社会资本的管理效果取决于社会资本在运营项目过程中付出的努力水平。项目运营后对生态环境的影响是由多方面决定的，不仅包括社会资本在管理中付出的努力水平，还涉及项目提供服务时的技术水平选择。然而，服务数量、服务质量、社会资本努力和技术水平选择都会受到服务成本约束。可见，影响垃圾处理PPP项目绩效水平的变量可以归纳为服务数量、服务质量、社会资本努力、技术水平和服务成本。让·雅克·拉丰和让·梯诺尔的激励规制理论以服务数量、服务质量、社会资本努力和技术水平四个变量作为公共服务成本影响因素并构建模型，以此展示了五个变量之间的互动关系。激励规制理论分析的变量选择与垃圾处理PPP项目绩效管理涉及的关键变量不谋而合。因此，本书在激励规制分析中融合中国垃圾处理服务和PPP项目规制实践，以服务数量、服务质量、社会资本努力、技术水平和服务成本为基础构建垃圾处理PPP项目关键绩效变量分析模型，对现有垃圾处理PPP项目绩效影响因素构成分析进行补充和完善。

第三，充实了现有实证研究。目前，针对垃圾处理PPP项目进行的实证研究主要以特定区域的垃圾处理服务为研究对象，以案例研究为主要手段，针对其服务成本、线路优化、收集站点规划、项目风险分散和邻避风险管理等展开分析。本书选择普通环卫工作人员为调研对象，对垃圾处理PPP项目的关键绩效指标信息进行初步掌握，然后借助结构方程模型进一步剖析关键绩效变量之间的关系，以此为基础，结合PPP项目基本特点、中国垃圾处理服务供给实践和经典理论，构建垃圾处理PPP项目绩效激励规制模型，再通过数理逻辑推导抽取出各变量的变化特征并进行仿真模拟，对现有实证研究起到了充实作用。

第二章　文献综述与研究述评

　　垃圾处理 PPP 项目将社会资本引入垃圾处理服务领域，体现了多方共治的公共管理理念。PPP 项目是拥有复杂利益相关者参与的资源组合模式。垃圾处理服务归属于公共服务范畴。所以，垃圾处理 PPP 项目服务绩效必然受到项目特征、利益相关者状况、政府规制和研究立场影响。因此，本章将从垃圾处理 PPP 项目、PPP 项目利益相关者、PPP 项目规制和公众利益四方面对国内外研究现状及发展动态进行梳理。

第一节　垃圾处理 PPP 项目

一、PPP 项目

　　学术界普遍认为英国是最早对 PPP 模式进行探索和推广并取得成功的国家。1979 年，受困于公共服务供给数量不足和效率低下，英国首相撒切尔夫人执政后开始在公共住房、航空公司、电话电报公司等领域推行民营化改革。在美国，1980 年里根总统当选之时，政府支出占 GDP 比重逐年增加，政府雇员呈现绝对数量和占人口总数比重双重增长，政府财政困难。由于政府开支均源自税收，随之产生的公众税赋增加导致公众与政府之间关系紧张。同时，公众对于社会公共产品或者服务的需求也在不断增加。所以，里根执政之后，为了提升公共产品和服务的供给绩效，开始在公共卫生、公共交通、航空、养老和固体废物处理等诸多领域实施民营化改革。英国和美国在公共服务领域施行的改革受到世界各国关注，在取得实效后被多国模仿，相关的成功经验得以广泛传播并被多国吸收学习。20 世纪 70 年代以后，公共产品或服务供给领域的民营化浪潮开始席卷世界。印度、澳大利亚、美国和日本等国都将PPP模式和本国国情相结合，努力推动PPP模式本土化发展，并取得了显著成效。

伴随PPP模式和公共服务逐步融合，轨道交通、医疗服务、市政工程、矿山开发、环境治理、社会住房保障等领域都出现了PPP项目，对PPP项目的研究也逐渐从服务价格确定、模式的适用性、程序的公正性、服务提供成本比较、项目风险因素、项目成功因素等延伸到对终端用户参与、绩效衡量和改进、项目透明度及产权边界等各个方面。

Anna Ya Ni（2012）认为，公私双方虽然有承诺，但是合作的复杂性又会产生新的风险，参与者常常出于自身利益将这些风险推给另外一方。同时，参与者之间的关系互动使得PPP项目合作成为非合作博弈，项目参与能够产生的收益有限。由于政府和社会资本承担的风险不对称，政府缺乏管理社会资本的能力，而私营实体通常长期从事相关业务并积累了评估风险、谈判收益和制定合同的专门知识，使得公众利益容易受损。不仅如此，Anna Ya Ni以加利福尼亚的PPP公路项目为例进行研究，研究结果显示PPP项目可能存在的收费与美国本土公路服务免费的传统存在冲突。由于美国国家雇员工会、地方工会在政府决策中拥有强大的力量，当该项目采取PPP模式后，很可能成为一种逃避公众参与和对劳工、环境及社区的保护审查的方法。

在中国，最早尝试PPP模式并取得成功的行业是电力行业。广西来宾的B电厂是中国第一个成功实施的BOT项目（此项目于1997年9月正式签署特许权协议，2000年11月建设期结束投入运营，2015年9月15年特许期结束，已经和当地政府成功实现移交）。同一批由国家安排试点的深圳沙角B电厂、四川成都自来水六厂B厂和北京第十水厂等合作项目，由于各种各样的原因最终销声匿迹。

项目实施的最终目的除了提供公共服务还要保护公众利益，实现合作关系顺利发展。在早期，出于地方政府经验不足、资金不足和信息不足等原因，当地方政府与在重大垄断性项目实施中拥有相当实力的社会资本进行合作时，面对经济社会环境变化，政府在合作中常处于被动且有心无力的状态。比如深圳梧桐山隧道BOT项目，作为深圳市第一个非政府投资的大型市政交通项目工程，在合作之初就得到了政府和社会各界的关注。社会资本在1987年和1997年分两期投入建设，由于政府在合作之初对未来车流量和城市发展预测不充分而陷入两难境地：如果遵守合约则导致公众经济负担沉重，社会资本获得超额利润，使公众利益受损；如果不遵守合约则导致政府信用受损。政府需要在公众利益和政府信用中进行抉择，最终导致政府和社会资本的合作关系走向失败，项目合约沦为废纸。

由于PPP项目一般要求政府和社会资本长期合作，合作期限少则10年，多则30到50年。伴随PPP模式逐渐推广并进入污水处理、自来水供应和轨道交通等行业，实践的增加为学者提供了研究的基础。由于任何参与方都无法对未来的社会经济发展精准预测，合作契约天生的不完备性致使双方谈判时对合同中能够确定的条款格外关注，合同的特许期、价格确定和项目成功因素等明显影响双方收益的议题成为谈判争论焦点，亦成为学术研究热点。

以特许期为例。由于PPP项目大多涉及公共产品或服务，众多学者在研究时常采用建设期投资与运营维护成本反向变化的假设，即建设期投资多，则后续运营维护成本低；而建设期投资少，则后续运营维护成本高。如果特许期长，为了避免后续高昂的维护成本，社会资本可能在建设期增加投资。如果特许期短，社会资本为了尽快回收投资，则可能减少建设期投资。特许期的长短通过影响建设期投资总额而影响社会资本的投资回收期，直接影响社会资本的投资决策。

杨宏伟、何建敏与周晶认为，特许期是由政府单方决定的，并假设政府和社会资本之间信息对称，即政府掌握社会资本的各项成本信息，社会资本也了解政府的行为方式。社会资本在政府招标时通过公开特许期的信息决定自己的投资行为。双方的互动过程可以看作完全信息动态博弈。通过观察不同特许期长度下社会资本的行为，政府可以选择使得社会福利最大化的时间点作为特许期。

如果将特许期的确定看作政府和社会资本谈判的结果，很多学者则将焦点聚焦在双方通过谈判实现均衡的过程。周厚智、汪文雄和杨钢桥借助动态博弈中的"分蛋糕"模型，对于未来收益较为稳定且项目固定投资的经济寿命可以预测的PPP项目，以特许期为政府和社会资本谈判的中心，分析双方在完全信息假设下如何通过多轮谈判实现均衡。由于多轮谈判而导致的双方总体收益下降用"损耗系数"来表示，主要涉及谈判时间和资金成本、谈判过程中的资金利息损失以及谈判机会成本。此外，由于社会资本天生的逐利性特征，即便进入公共服务领域，也不可能降低其对利润水平的追求。社会资本通过和政府合作，扮演了代理人的角色，和政府之间形成了新的委托代理关系。

随着社会经济发展，居民对公共服务需求的增长和公共服务供给水平提升之间存在缺口，致使某些公共服务领域一直出现高需求的状态。宋金波、靳璐璐和付亚楠（2016）以消费者剩余最大化和社会资本利润最大化为目标，构建了高需求状态下消费者意愿支付的最高价格大于政府确定的价格上限时交通轨道 BOT 项目特许期的决定模型。

在价格确定方面，杨屹、郭明靓和扈文秀（2007）假设政府允许社会资本根据经营状况将投资分期进行，将 PPP 模式和环保产业结合，允许环保基础设施的投资分两期进行，第一期是在竞标成功后，第二期是在运营多年后。多年后的再次投资可以看作赋予社会资本的投资决策权。三位学者将这种权利看作实物期权，借助价格变化的二叉树模型在政府和社会资本完全信息动态博弈基础上分析社会资本的投资行为，由此判断项目定价对社会资本投资决策的影响。

周晶、陈星光和杨宏伟（2008）在分析公路 BOT 项目时，将消费者（此处即为使用公路的出行者）行为纳入考察范围，构建了政府、社会资本和出行者之间的三方博弈模型。三位学者假设某路段原有一条公路，政府拟委托社会资本新建并经营一条新路，以此为背景阐述分析思路。出行者在原来的老路和新路之间根据交通拥堵情况和道路收费情况进行决策。新建道路由社会资本定价，原有的老路由政府定价。通过分析，学者认为决策过程存在先后顺序，首先应该是政府决定原有公路通行费用，然后社会资本在获知政府定价信息的背景下决定新路通行价格，考虑到交通运行的成本函数和运行抗阻，最后由出行者来确定实现自身出行成本最低的行为决策。

在项目合作再谈判方面，考虑到 PPP 项目再谈判对政企双方的压力因子差异和谈判破裂的可能性，程敏和刘亚群（2021）二位学者以政府和社会资本之间的非对称信息为基本条件，分析社会资本和政府在再谈判过程中的角色优势和心理状况对谈判博弈的影响。

在项目成功因素方面，主要有两种研究思路：一种是结合某类行业综合分析各种因素对PPP项目的影响，另一种是关注某种特定因素与项目的关系。凤亚红、李娜和左帅（2017）三位学者首先汇总源自世界银行官方网站和中国国家发展和改革委员会门户网站的截至2016年在中国实施的28个PPP项目典型案例，然后借助网络搜索、文献资料整理、专家访谈等方式补充项目成功或失败的主要原因，并对影响项目成败的因素进行集中分析。结果显示，完善的PPP模式推广制度环境与体制、健全的金融体系、政府的契约精神、合作企业的能力与信用及有效选择PPP项目等关键因素共同决定了项目成败。

王健和汪伟勃（2017）认为PPP模式在宏观环境之下的适应性对项目成功实施至关重要。所以，他们从经济发展水平、私有经济比重、法律法规及政策和政治稳定性四个方面设定PPP项目成功KPI指数，并以英国和俄罗斯为例进行比较分析。

罗煜、王芳和陈熙（2017）借助世界银行发布的"全球治理指数（WGI）"和《国家风险国际指南（ICRG）》中的"国家风险指数"，从中选择"一带一路"46个沿线国家的指标，将法制水平、政府效率、政府控制腐败和促进私人部门发展的能力等制度因素量化到实证研究中，把制度质量的差异内生化于私人部门对PPP项目风险结构的选择，将项目分成正在运营、正在建造、合同结束、项目取消、项目危机和项目合并等6类，借以分析制度质量和国际金融机构对PPP项目成败的影响。

王守清、柯永建和滕涛（2008）认为，风险控制是项目成功的关键。三位学者将政府腐败、政府干预、公用化可能、政府信用、第三方违约、公众反对、法律及监管体系不完善、法律变更、利率风险、外汇风险、通货膨胀、政府决策失误、土地获取风险、项目审批延误、合同文件不完备、融资风险、工程变更、完工风险、供应风险、技术风险、地质条件、运营成本超支、市场竞争、市场需求变化、收费变更、费用支付风险、配套基础设施风险、残值风险、招标竞争不充分、特许经营人能力不足、不可抗力风险、组织协调风险、税收调整、环保风险、私营投资者变动、项目测算方法主观和项目财务监管不足等37种因素，列入PPP项目的风险清单并进行分析。研究显示，我国不少企业在PPP项目管理中表现出忽视风险、被动而非主动应对风险以及过分依赖保险和合同等状态，风险管理尚不成熟。

王欢明和陈佳璐（2021）认为，地方政府的监管质量、反腐水平、法治程度和社会安定程度等因素都会影响PPP项目的落地情况。袁诚、陆晓天和杨骁（2017）将政府的自有财力、地方政府公共财政收入与支出之间的缺口大小作为解释变量，将PPP项目数和PPP项目投资额的地方GDP占比作为被解释变量，分析地方政府自我财力强弱对于交通基础设施类PPP项目的影响。结果显示，财政缺口较大的地方政府，有更大的可能在建设交通设施时采用PPP模式，项目数量也会越多，并且PPP项目的平均投资额可能更大，回报机制也更倾向使用者付费模式。同时，自有财力越差的地区，PPP项目则越少，融资渠道匮乏、PPP项目退出机制不完备和项目收益率较低是导致我国PPP项目落地率低和谈判失败的主要因素。这种背景下，开发性金融组织可以利用自身协调优势在市场发展不成熟的情况下率先介入，通过建设市场和完善制度，最终实现降低项目风险，从而吸引社会资本进入。

除此之外，学界还借助社会学、行政管理、政治学等学科基本逻辑对PPP项目展开分析。马恩涛和李鑫（2017）运用社会关系网络理论分析PPP项目参与各方的合作关系。欧纯智（2017）则将PPP模式看作社会价值的权威性分配过程。这个过程为PPP项目的提供者利用权力谋取个体私利从而背离公共利益提供了机会和条件，处于探索阶段的PPP模式能否尊重公共价值、体现有效性和合法性并实现善治，是影响其在全国范围内推广的重要因素。薛澜和李宇环（2014）在PPP模式推行中将公共产品与社会资本的融合看作是从"新公共管理"向"新公共服务"的范式转变，并认为这种使政府职能由"管控"向"服务"理念的转变成为全球范围内一种不可逆的发展趋势。由PPP模式实质性推动的治理主体多元化，将结合治理技术现代化，进一步实现治理制度法制化。

二、垃圾处理项目

垃圾处理服务与人类生活密切相关，但各国政府对垃圾处理的态度却存在很大差异。在日本、美国、澳大利亚和德国等发达国家，垃圾处理被认为与生态环境和生活环境直接关联，居民和政府都相当重视。但部分发展中国家认为，垃圾处理是无关紧要的事情，垃圾可以随意倾倒并露天堆放。

从媒体关注来看，温室气体排放和臭氧层消耗似乎更容易得到世界范围的普遍重视。然而，垃圾伴随人们的生产生活而存在，垃圾问题对各地区的生活环境影响更容易引起当地居民关注。如果垃圾处理不善，将给周边居民带来直接影响，且容易引发区域性群体事件。伴随经济的增长和垃圾总量的增加，垃圾管理和处置逐渐成为世界上重大的经济和环境问题。

20世纪70至80年代，为了提升公共服务绩效水平，垃圾处理 PPP 项目在国外得以大规模实施，为 PPP 项目的效率、效益、风险和公正性等方面研究提供了大量实践依据，也让其研究更为成熟。诸多通过对美国、加拿大、英国等国家在不同制度安排下垃圾处理的效率进行比较，发现实施 PPP 模式不仅能降低公共产品的提供成本，还能改善政府财政状况并提高社会资本生产绩效。所以，在北美、欧洲、南美、中东和巴利阿里群岛，以 PPP 模式提供垃圾处理服务已是普遍现象。

J Peterson 和 S Hughes（2017）认为，选择与社会资本合作向社会公众提供市政服务仅仅是政府追求可持续发展目标的手段之一。二位学者利用美国明尼苏达州两个城市都市圈的有机废物回收经验，分析市政当局如何通过不同类型的公司关系以及有机废物回收计划提升区域可持续发展的能力。研究发现，即便那些项目采取了 PPP 模式，与垃圾运输商建立合同关系的城市仍然比依靠市政部门自身组织系统实现有机废物回收的城市更有希望取得更大的成功。

J Soukopová 和 G Vaceková（2017）使用回归分析对2014年捷克废物收集市场2 065个市收集点的数据进行研究。研究结果显示，总体来说采用 PPP 模式提供服务需要支付更高的费用，但不同规模市镇的费用特征却存在差异。市镇规模越大，选择 PPP 模式将垃圾处理服务外包可以节约的费用越多。对于居民不足500人的市镇来说，只要政府部门之间愿意加强合作，由政府部门提供垃圾处理服务就会比 PPP 模式更有利于市政费用的降低。

E Yeboah-Assiamah，Asamoah K 和 TA Kyeremeh（2017）通过对比分析

印度和加纳的垃圾处理PPP项目，认为PPP模式对于缓解发展中国家城市垃圾处理面临的压力具有重要作用。但是，只是为了跟随这一世界潮流而刻意为之，则可能适得其反。如果政府和社会资本之间缺乏足够的公开性、透明度和利益相关方的充分参与，政府当局不注意关系契约管理和对社会资本绩效水平的监管，仅仅与社会资本签订合作契约而不注意细节管理，最终会因合作纠纷使城市管理部门面临更多困境。

此外，除了借助PPP模式将社会资本引入垃圾处理服务领域外，各国垃圾管理的特点还呈现出两个主要趋势：将废物国际贸易的增长和扩大生产者责任（extended producer responsibility，EPR）作为政策工具引入。

根据世界银行的报告，中国在过去很长一段时间内处于世界垃圾处理链条末端，在世界物资循环体系中扮演废物接收的角色，承接来自美国、日本、韩国和欧洲等国家和地区的各种"洋垃圾"。由于远东的垃圾处理标准和质量与欧美等国的要求存在差异，进入中国的"洋垃圾"即便经过循环处理也很难返回世界废物循环体系，只能在中国本土处理消化。2017年7月18日，国务院发布《禁止洋垃圾入境推进固体废物进口管理制度改革实施方案》（国办发〔2017〕70号），试图改变中国在世界废物处理链条中所扮演的角色。然而，中国处于全球垃圾处理链条末端的地位很难即刻变化，也难以依靠废物国际贸易将中国的生活垃圾转移到国外。在国内垃圾不断增加的背景下，中国的垃圾处理服务供给面临巨大压力。

EPR要求生产者对其产品在整个生命周期可能带来的环境污染问题承担责任。2016年12月，国务院发布《生产者责任延伸制度推行方案》（国办发〔2016〕99号），拟定率先确定对电器电子、汽车、铅酸蓄电池和饮料纸基复合包装物等4类产品实施生产者责任延伸制度。但是，常见的包装物、饮料纸、可回收产品回收利用体系和再生产品及原料推广制度仍不完善，生产者责任延伸制度的执行效果尚不明显。

在待处理垃圾数量不断增加和EPR显效尚需时日的背景下，依靠PPP模式提升垃圾处理效率仍是当前的可选可行之策。然而，由于各国垃圾成分、居民行为、风俗习惯和行政管理等方面存在差异，不可能将国外的垃圾处理PPP项目实施经验照搬到中国，需要结合我国国情和民情，对PPP模式因地制宜地加以运用。

长期以来，中国垃圾处理属于典型的市政公用事业，由城市政府主管部门直接承担有关的收集、运输和处理事务。部分区域垃圾治理的结果却呈现出成本高、再污染、中断人与自然循环的不可持续的治理特点。虽然中国垃圾处理已经从只关注终端处理向关注垃圾产生过程延伸，垃圾管理也逐渐通过引进外商投资、国外先进技术和管理经验等方式不断实现创新和突破，与欧洲、美国、日本等发达国家和地区相比，中国的垃圾处理系统技术仍然比较落后，生活垃圾处理处置整体水平偏低。

根据《中国城市建设统计年鉴》，中国的生活垃圾无害化处理以卫生填埋和焚烧为主。生活垃圾处理市场则划分为卫生填埋、焚烧和餐厨垃圾三个细分领域。相应地，垃圾处理PPP项目也包括垃圾填埋、垃圾焚烧和餐厨处理等服务，其中以垃圾焚烧BOT项目为主要存在形态，城市生活垃圾为主要处理对象。

受居民日常生活习惯影响，目前普通家庭的餐厨垃圾一般跟随其他家庭生活垃圾混合投放，没有实现分类收集。所以，通常所说的餐厨垃圾主要来自饭店和各种企事业单位食堂，并不涉及普通居民家庭，来源主体相对单一。在学术研究方面，除了部分学者关注餐厨垃圾的管理资金介入、立法、支付意愿及管理外，多数学者更愿意关注餐厨垃圾的生物特征和技术处理方式。例如，何琴与李蕾（2018）等关注餐厨垃圾干式厌氧消化污泥膨胀微生态特征，唐嘉陵和王晓昌（2017）等研究餐厨垃圾酸性发酵及产物作为碳源的脱氮特征，李阳和邓悦（2017）等分析预处理对菌接种餐厨垃圾发酵产乙酸的影响。

长期以来，我国垃圾处理系统技术相对比较落后。即便现在沿袭环境管理、末端管理、过程管理和产品系统管理的发展阶段，垃圾管理逐渐通过引进外商投资、国外先进技术和管理经验等方式不断实现创新和突破，垃圾处理治理也逐渐"回归日常生活"并通过日常行为准则引导公众行为，政策理念开始从"末端治理"向"源头防治"转变，垃圾处理产业发展仍然存在机械化程度不高、生活垃圾处理以填埋为主和市容环卫专用设备少等特点。PPP模式本质上对市场机制和配套制度依赖性高，客观要求存在长期稳定的回报机制，对城市静脉产业发展也有依赖。所以，目前针对垃圾处理PPP项目的研究常见于产业运行机理、项目交易结构、项目收益影响因素、盈利模式、特许期决策、PPP模式适应性等领域。

在将社会资本引入公共服务领域早期，由于垃圾焚烧发电厂有上网电价、税费补贴和垃圾处理补贴费等明确的现金流入，所以垃圾焚烧PPP项目受到社会资本的青睐，垃圾焚烧PPP项目在推广过程中遇到的各种问题也容易引起学界关注。

刘承毅和王建明（2014）以社会资本和政府机构为决策主体，在二者的损益函数中加入声誉激励变量，以观察政企双方的最优决策。研究表明，可通过引入社会监督机制，借助社会公众的监督力量提升公共服务供给质量。宋金波、宋丹荣和谭崇梅（2013）结合影响特许期的折现率、建设期和运营期等确定因素和垃圾热值、垃圾处理量、运营收入和成本等不确定因素，构建垃圾焚烧发电BOT项目特许期的决策模型。刘小峰和张成（2017）以垃圾焚烧项目为例，结合运营商、政府、居民和从业人员的特点构建各自的收益函数，并结合自负盈亏模式、最小收益保证模式和固定收益率模式等三种收益分配模式和统一价格模式、阶梯价格模式两种价格模式构建不同的情境，用Multi-Agent技术模拟各行为主体的变化，用以分析垃圾处理PPP项目和居民行为之间的互动关系。宋国君和孙月阳（2017）等人借助生命周期评价（LCA）框架建立城市生活垃圾焚烧社会成本核算方法，以期全面反映垃圾焚烧项目的社会总成本。

樊福仙（2006）曾结合四川省崇州市生活垃圾处理厂、浙江省温州东庄垃圾焚烧发电厂和广东南海区垃圾焚烧发电厂等垃圾焚烧发电BOT项目中的生活垃圾填埋服务，分析社会资本对公众利益的忽视和侵害。社会资本不顾公众利益，在建设初期设法从政府或金融机构获得巨额资金，并利用政府监管经验的缺乏，采用不成熟的工艺和设施，对建设期基建质量和建成后的项目运行安全考虑甚少。待项目进入运营阶段后，相应的风险则完全由政府承担，公众利益存在被损害的可能。

相比之下，学界对于垃圾填埋类PPP项目的针对性研究较少。常见的垃圾填埋项目不仅包括填埋服务，也可能包括前端的垃圾清运服务。通常情况下，只有整合上游才能在下游实现更好的收益。从垃圾处理的整个产业链来看，垃圾清运与后端垃圾处理密切相连，是最有意义的PPP改革之一。杜倩倩、马本和王军霞（2014）也曾以北京市为例，将垃圾填埋成本划分为收集成本（公用桶成本、运输费、密闭式清洁站成本）、转运成本（转运站成本、运输成本）和安全处置成本（基建折旧、土地成本、可变成本、人工费、动力费、燃料、材料费、工艺费、修理费、资产税费、期间管理费等），运用案例社区核算法对北京市生活垃圾填埋成本进行测算。然而，更多的学者并不单独区分垃圾填埋类PPP项目，而是笼统地探讨整个垃圾处理服务产业发展。比如，夏艳清（2016）基于产业生态化视角结合中国的生活废弃物产业发展历程对城市固体废弃物管理进行探索。薛立强和范文宇（2017）按照城市生活垃圾源头产生、中间收运和末端治理的处理环节，基于公共管理的视角对城市生活垃圾管理展开分析。孟春、李晓慧和张进锋（2014）结合世界银行对全球十来年社会资本参与各国垃圾处理服务的经验，从技术规范、社会资本激励和政府监督等方面分析垃圾处理服务采取PPP模式供给后应该重视的问题。

第二节　PPP项目利益相关者

一、利益相关者确定

很多学者将PPP模式看作公共垄断和完全私有化之间的一条路径，其推广运用旨在整合这两个部门之间的最佳特征，以提升公共服务供给绩效。传统公共服务供给模式中，公共服务或公共产品一般具有非排他性或非竞争性。采取PPP模式后，以政府为代表的公共部门所强调的"物有所值"（Value For Money，VFM）与社会资本需要强有力的现金流入以支撑其融资安排的实现之间必然存在矛盾。由PPP项目而产生的利益相关者之间的权利关系与利益关系相互交织、彼此互动博弈并产生各类错综复杂的关系，这些关系对项目实施将产生实质性影响。所以，针对PPP项目利益相关者的研究也获得了学界关注。

如果政府希望PPP项目在较长的运营期间实现顺利推进，那么在合约签订和监管中必须兼顾并均衡各利益相关者的利益。均衡利益相关者利益的前提，是识别项目中的利益相关者。有的学者将PPP项目利益相关者分为公共部门、私营部门、居民和金融机构。有的学者在公共部门内部进行细分，将私营部门和金融机构合并，得到政府官员、政府雇员、国有企业、居民和私营企业的划分方式。有的学者将所有的利益相关者细化为公共部门、项目载体公司（SPV）、居民、融资方、分包商、顾问、评级机构和保险商等参与PPP项目的各方。有的学者也会根据具体研究内容选择特定的利益相关者进行分析。

I Arbulú，J Lozano和J Rey-Maquieira（2015）研究马略卡岛地区（西班牙东部著名的海边旅游胜地）的PPP项目时，以外来旅游者为利益相关者并分析他们对当地垃圾焚烧发电PPP项目的影响。研究发现，旅游者会显著提高当地垃圾焚烧发电PPP项目的设施管理成本。所以，三位学者建议通过增加税收、提高PPP项目支付来为当地公众提供更好的公共服务。

JV Cristofaro，SS Ansher和Zwiebe（2017）在分析PPP模式对美国抗癌药物供给的影响时，以美国国家癌症研究所（National Cancer Institute，NCI）的部分癌症登月计划（Cancer Moonshot）为例，分析NCI通过抗癌调查代理向外部的研究机构提供抗癌处方对美国抗癌药物供给的影响。研究涉及的利益相关者包括美国国家癌症研究所、抗癌调查代理、外部研究机构和医院。

从中国PPP项目的合同结构来看，主要参与者常可划分为项目主办人、项目载体公司、债务资金方、政府、顾问、律师和公众用户或发起人、项目公司、债权人、债务人、东道国政府、承包商、运营商、承购商、供应商、担保方、保险商和咨询顾问等。

马恩涛和李鑫（2017）通过对PPP项目可能涉及的契约进行梳理，将PPP项目涉及的利益相关者划分为政府、私人部门、项目发起人、项目公司、承包商、供应商、运营商、承购商、金融机构及商业银行、多边银行、出口信用机构和保险公司。

亦有学者结合中国特殊的中央与地方关系，分析PPP模式推行过程中地方和中央的分权化关系。还有学者根据项目的特殊属性，重点考察社会资本和用户之间的关系。如丰景春、姚健辉和张可（2018）曾关注拥有信息优势的项目公司和出于机会主义不愿意缴纳水费且容易"搭便车"的农户在农田水利PPP项目之中的各种可能策略。

赖丹馨和费方域（2010）认为，PPP模式具有责任整合、风险转移、不完全缔约等三个重要特征，大多数PPP项目都选择将基础设施项目的建设和运营同时交由PPP联合体来统一负责。这与政府统揽统包的传统公共服务供给模式有所不同。民营机构组成的联合体部分承担了政府责任，政府部门的角色则从全方位的负责人转变为项目的促进者和监管者。

此外，方易、周正祥等学者在进行相关研究时常以政府代表的公共部门和社会资本代表的私人部门为主要分析对象。

传统研究默认公众利益由公共部门来保障。事实上，PPP项目中各利益相关者的关注点却不尽相同。通常情况下，作为用户和重要干系人的居民却不在PPP项目的合同关系中，仅扮演项目论证和听证的角色，导致公众利益难以通过合同形式得以保障。

相比之下，大多数西方国家的学者在研究PPP项目的利益相关者时常会将直接享受公共服务的用户单列出来，并就公众利益保护构建公共利益测试问题，以公众价值作为政策措施的重要基础。即便在分析具体项目时以社会资本和政府为主要分析对象，通过公共教育讲习班、客户邮件和焦点小组、客户服务中心、项目网站和与新闻界的会议等方式获知的公众或客户意见，也会在社会资本与政府的合作决策中起重要作用。

对于垃圾处理PPP项目来说，除了政府和社会资本，将居民作为重要干系人加以考虑的场景较少，主要集中在垃圾处理站或垃圾焚烧场选址过程中的邻避问题分析。例如，张向和、彭绪亚（2010）在研究垃圾项目选址时将居民居住特征作为重要的变量，并假设居民以效用最大化原则接受社会资本提供的垃圾处理服务和垃圾处理场提供的相应产品。施炜（2015）在分析邻避项目决策时，根据政府、社会资本和居民参与行动的差异性和居民对项目信息掌握的不充分性，分析了公共项目产生纠纷之后的博弈过程和参与者之间最终实现妥协的运行机制。其他针对垃圾处理类PPP项目进行的研究，则对居民关注较少。对居民的忽略，不仅阻断了全生命周期项目管理和生活垃圾产生源头的联系，还忽视了居民环境行为对于生活垃圾的直接影响。

二、利益相关者关系分析

PPP项目利益相关者确定后，学界对于彼此之间关系的讨论主要有三种方式。

　　第一种将PPP项目涉及的利益相关者看作一个整体，总体分析各项目干系人之间的关系。

　　马恩涛和李鑫（2017）运用社会网络分析（SNA）方法分析PPP项目参与者之间各种错综复杂的关系。二位学者借助点度中心性、居间中心性和接近中心性三个指标对PPP项目参与者在网络关系中的地位和作用进行了量化分析。结果显示，项目公司在PPP模式运作中是连结政府和社会资本关系的纽带，在所有参与者的社会网络中拥有最高的影响力和核心地位。设备供应商、工程承包商、政府管理部门、运营维护方和商业机构处于社会网络体系的第二层次。东道国的中央银行则在合作中体现出最强的独立性和不可控特征。

　　王盈盈和王守清（2017）将支付方、投资人、金融机构、成本单位、第三方机构和百姓看作PPP项目最重要的6类干系人。二位学者总结2014年以来中国PPP项目的发展历程，将投资者类型限定为工程公司、运营公司、基金公司和信托公司等。在利率市场化背景下，由于市场竞争导致金融投资机构回报水平下降，银行、证券、保险和信托等对PPP项目的关注逐渐提高。总体来看，金融机构是大多数PPP项目资金的直接来源，金融机构对项目的态度直接决定市场对PPP模式的认可度。作为PPP方案牵头顾问、法律顾问、财务顾问的咨询公司，律师事务所和会计师事务所等中介机构以及各级政府建设的PPP专家库，对PPP模式的发展都起到了极大的推动作用。

　　第二种分析利益相关者之间的博弈关系及均衡过程。

　　李林、刘志华和章昆昌（2013）认为在PPP项目合作中，具体的产品或服务由社会资本提供，但社会资本的活动空间在契约谈判成功时就已受公共部门限制，导致项目运行中的部分风险（比如政策风险）直接来自政府。所以，政府和社会资本双方合作中，政府处于主导地位，社会资本很难以平等姿态参与合作，二者的关系是非对称的。由于政府和社会资本都熟悉彼此的策略和可能带来的风险，三位学者运用轮流出价的讨价还价模型来分析双方对风险的分担。

　　在PPP项目中，政府和社会资本同时作为社会系统的基本组织和运行单位，这两种角色之间不是独立存在的，导致他们之间的合作不是静态稳定而是动态变化的。由于地方政府偶有缺乏契约精神和违背承诺的行为，导致很多PPP项目出现再谈判、不正常退出乃至失败，合作失败将给后续项目的开展带来极大的负面影响。基于此，任志涛和刘逸飞（2017）以动态传导为各方信任的基本特征，将遵守信用或背弃约定作为政府策略，积极合作或消极对待作为社会资本策略，借助演化博弈方法分析政府和社会资本之间的信任传导机制。

李壮阔、陈信同和张亮（2017）以政府和社会资本为最重要的PPP项目利益相关者分析二者的演化博弈过程。研究以有限理性假设为基本前提，认为部分决策者以现有策略为条件，遵循以往惯例行为或经验采取行动或决策，不具有预测能力。此外，假设PPP项目中政府可能采取的策略为积极支持或消极对待，所以社会资本对项目也可以积极合作或消极合作。此外，如果有一方消极对待则可能导致收益损失。三位学者借助演化博弈方法分析后发现，政企双方皆采用积极合作策略为最优，社会资本采用积极策略而政府采用消极策略为最劣，政府的激励资金和惩罚金额足够大且项目风险费用大于监督损失时，才可能导致双方在演化博弈中形成良性合作。

第三种研究方式不对特定项目的利益相关者作深入讨论，仅在研究时简单提及利益相关者的行为以推动其他议题研究，不进行专门分析。

王守清和刘婷（2014）在分析PPP模式的监管制度时，认为在国家层面应该设立明确的PPP实体机构或某个部门牵头的虚拟机构，否则等到项目运行出现问题的时候，就可能出现不同级别政府或不同部门之间的相互推诿。

由于PPP项目中契约的不完备性和相关资产的专用性特征，李文新和史本山（2013）通过引入产品购买方进行分析，发现社会资本主导的项目公司存在套牢地方政府的动机。同时，产品购买方也有套牢项目公司的动机。在政府监督或不监督项目运营的情况下，各方根据自身的收益情况决定最优策略。研究表明，政府通过适时的监督、适当的罚款额度和合适的利益激励规制机制能有效避免被项目公司套牢；项目公司应增大其事前的产权比例和再谈判成本，防止产品购买方通过价格再谈判将其套牢。

第三节 PPP项目规制

一、公共服务规制

规制是指由行政机构依据有关法规制定并执行的直接干预市场配置机制或间接改变企业或消费者供需决策的一般规则或特殊行为。政府规制是政府行政机关依据有关法律、法规，对微观经济主体所采取的一系列控制与监管行为。

按照规制内容，政府规制可划分为经济规制和社会规制。经济规制主要针对经济主体行为进行规范，社会规制是针对经济行为的外部性设定法律法规等，营造规范运营环境。经济规制包含进入和退出规制、价格规制、质量规制、融资规制和信息规制。如果将基本法律法规的制定和良好环境的营造看作政府的基本职责，则可以将政府规制限定在经济规制领域。于是，可以将政府提供的规制分为三类：一是市场准入类，二是竞争规则类，三是价格与质量监管类。具体到PPP模式，可结合项目的实施将政府规制分为两类：一是准入监管，主要涉及PPP项目立项和特许经营者的选择；二是在项目建设运营阶段，为了保护公众利益、调控市场失灵及实际绩效与目标偏差等问题，针对价格、质量和财务等方面进行的绩效监管。

规制体系是促使PPP项目稳健运行的核心组成部分，构成政企双方平等合作的基础规则。对政府而言，适当的规制能够保证合作关系运作效率，并确保资源的最优化与更广泛的政策目标（如社会政策及环境保护等）相一致。对社会资本而言，适当规制能够提供有效的合同条款保护，防止资产或者权益侵占，从而保证社会资本获得与承担的风险相一致的合法利润及成本回报。对公众而言，当资本逐利性和公用事业公益性发生冲突时，政府规制是避免公共利益受损的有效治理工具。在自然垄断和存在信息不对称的领域，为了防止资源配置的低效率和确保使用者公平地利用资源，政府机关可运用法律权限，通过许可和认可等手段，对社会资本的进入和退出、价格、服务的数量和质量、投资、财务会计等有关行为加以规制。

在市场准入方面，对于PPP模式可进入行业，除了极少数国家或地区会专门出台条例进行限定外，一般都不作限制。通常认为，机构臃肿、公职人员官僚作风严重以及与之相伴随的办事效率低下是政府的天然的基本属性。伴随社会分工逐渐细化，学界和实务界都认为，专业的事应该交由专业的人去完成，政府不可能在各领域保证足量优质的服务供给。传统意义上应由政府提供服务的市政公共服务领域，大多都可采取PPP模式。例如，环境卫生、医疗、道路轨道交通、教育等。

在中国，传统模式下公共服务主要由政府负责。伴随经济增长和城镇化推进，中国普通民众对公共产品和服务需求逐渐增加。PPP模式推广所代表的政府准入管制放宽，不仅有利于吸引更多的企业进入特定行业，从而缓解政府供给压力，而且辅之以严格的监管，还有助于在城市绿化、教育、医疗、交通和环卫等市政公共服务领域营造良好竞争环境，最终实现资源的合理配置，提升公共服务供给效率。

在PPP模式推广过程中，实现物有所值（Value for Money，VFM）是PPP项目的重要核心理念。VFM具体可体现为相同的社会成本能够带来数量更多或质量更好的产品或服务，也可以是相同数量或质量的产品或服务只需要更低的社会成本，与更高的社会投入产出效率相对应。在经济生活中，如果某种资源配置方式比其他方式更能提升投入产出效率，则认为这种资源配置方式有助于实现物有所值。PPP项目提供公共产品或准公共产品的属性与公共项目较为接近。近年来发达国家对于公共项目管理绩效更加关注是否达到物有所值的产出，这与PPP项目对VFM的重视是一致的。

对PPP项目而言，为了判断其是否实现VFM，在项目实施中，需要论证PPP项目是否能实现资源的优化配置。即社会资本进入公共服务领域后，能否借助自身的效率优势，通过与政府部门协商风险分担，最终实现物有所值的目标。物有所值评价伴随项目产生和结束，需要在项目前、项目进行中和项目结束后进行。项目启动前的物有所值评价是判断该项目是否适合PPP模式的重要标准。如果项目经过论证能够实现物有所值，则可建议采取PPP模式；否则，仍然建议选择传统供给模式，由政府提供服务。项目实施中的物有所值评价用于判断初始预期和项目实际运行效果偏离程度，有助于项目后续规范运营和有效监管。项目结束后的物有所值评价是项目总结，为后续的项目开展提供实践经验。

在准入监管环节，通过两种方式评价 PPP 项目物有所值：公共部门比较因子法（Public Sector Comparator，PSC）和竞争性投标方法。公共部门比较因子法主要关注项目全生命周期采取 PPP 模式和传统供给模式的成本比较。如果 PPP 模式的项目总成本低于传统供给模式的，则认为能够实现物有所值目标，可以选择 PPP 模式进行公共服务供给；否则，仍然选择传统供给模式。目前，英国、德国、日本、澳大利亚等国家或地区都采取这种方法对 PPP 模式进行准入选择。而美国、比利时、新加坡和中国等则采用竞争性投标法，通过筛选具有一定资质的社会资本参与投标，以竞标过程中招标者和投标者之间的信息传递甄别优势企业。若竞标过程公平公正，投标者与公共部门可以通过反复沟通修改 PPP 项目合同，则通过竞标最终选择的中标者被认为能够实现项目的物有所值。

在市场准入规制中，对 PPP 项目物有所值的估算非常重要。在英国、美国、澳大利亚和加拿大等国，以循证为核心的 PPP 项目准入规制体系已经相当完备，循证过程也是对物有所值的论证过程。循证过程以实证经验为基础建立项目准入控制，即利用已经实施的同类项目作为参照，从项目的成本、收益、风险和政府的财政能力等因素综合评估采用 PPP 模式的必要性和可行性。同时，在 PPP 项目处于合同商议阶段时，对公共部门保留风险和转移风险对私营部门的价值计算，需要涉及双方主观和定性的判断，对 PPP 项目是否通过论证有重要影响。此外，公共部门比较因子也是项目能否通过物有所值评价的重要指标。

Thorpe 和 Jodie（2018）通过对加纳、印度尼西亚、卢旺达和乌干达的案例进行研究，发现 PPP 项目实施过程中公共部门能够借助公私合作关系通过自身行为塑造价值链内的治理模式，从而影响不同行为者所拥有的相关技能、知识和资源，以及各主体参与价值链的方式。在程序正义薄弱的地方，社会资本和用户可能退出或忽略 PPP 项目安排，最终导致项目失败或预期目标难以实现，无法实现参与者帕累托最优。所以，对社会资本、用户和政府机构而言，政府参与价值链的前提应当是促进程序形成更公正关系，而不是为了实现自身利益刻意通过市场产生关系。

虽然对公共服务进行规制的初衷是为了提升资源配置效率，缓解市场失灵，但是，与产业规制一样，在扭转市场失灵的同时可能产生新的问题，即"规制俘虏"(Regulation Capture)和"规制勒索"(Hold-up Problem)。采取PPP模式后,公共服务虽然由社会资本提供,政府主要负责项目监管,但是,作为公共服务的最终责任人,当社会资本出现供给困难时,对项目和服务进行"托底"的依旧是政府。政府存在被社会资本套牢的可能,即规制者被俘虏。此时,提供的规制可能只是顺应了社会资本需求,提高了项目利润而非社会福利。另一种极端情况是PPP项目涉及的投资金额巨大、回收期长、专用性资产占比大。社会资本一旦启动PPP项目,就会面临巨额沉没成本风险。作为规制者的政府,其权利由相应政府职员代理,政府职员可能因为各自职位升迁或在相关利益集团的压力下对被规制的相关项目进行挤压,形成"规制勒索"。PPP项目合作之初,政府为了吸引社会资本进入公共服务领域,一般会和社会资本平等对话协商。如果社会资本在项目实施过程中意识到自己的地位发生了变化,往往会减少投资或者消极运营,从而导致投资不足或者成本过高。

日本学者植草益(1992)认为,价格规制是政府从资源有效配置出发,主要针对价格水平和价格结构进行的规制。公用事业的价格规制是政府最为关注、社会公众最为关心的问题之一,同时也是公用事业改革过程中面临的一个主要问题。公共服务价格改革是促进公共服务供给体制转换的动力,确定公共服务定价方法并建立价格形成机制是公共服务供给体制改革成功的关键,其最终归宿是为了保护公众利益和提升社会公共福利。

基于公用事业的普遍服务原则:一方面,要求企业不计成本,以公众负担得起的价格向其提供基本产品或服务;另一方面,要求企业保障公用事业产品或服务供给持续且稳定,不得因亏损随意退出经营。即便政府规制可能导致"规制俘虏"和"规制勒索",如果公共服务具备自然垄断产业的基本特征,仍然应该对其实施价格规制。所以,对于采取PPP模式且具有垄断性质的公共服务必须实行价格规制,以实现公共服务持续供给、资源最有效配置和社会效益最大化。同时,为了鼓励社会资本向社会公众提供公共产品,还必须发挥价格机制在PPP项目中的关键作用,保障社会投资者的合理收益(发改价格〔2017〕1941号)。

在规制过程中,规制机构会产生规制成本,并与受规制的社会资本之间产生复杂的博弈关系。政府有可能观测到企业的生产成本的先验信息,但是并不了解企业的生产技术以及企业管理者在降低成本方面所做出的努力。同时，规制者必须设计合理的规制价格，使企业提供真实成本信息的收入大于提供虚假成本信息的收入或者在信息不对称的条件下通过价格合约对企业进行激励，设计最优规制机制。此外，政府规制价格的确定还受公众支付意愿、运营成本、区域差异、专有性资产投资数额等因素影响。

常用的激励性价格规制方式有价格上限规制（Price-Cap Regulation）、公正报酬率规制（FairRate of Return Regulation）和标尺竞争规制。

价格上限规制，是指政府直接限定产品或者服务的最高价格。如果PPP项目采取这种规制方式，则社会资本提供的服务价格不得高于政府规定的最高价格。

公正报酬率规制，是指通过控制企业的利润率，达到控制产品价格的目的。由于公共服务存在成本劣可加性，所以传统模式都是由政府提供。如果采取公正报酬率规制，则报酬率不能低于社会平均报酬率，否则PPP项目会因回报过低而对社会资本缺乏吸引力。同时，公共服务的公益属性，也决定了服务提供者不能从中获得超额利润，否则会有悖于公共利益。所以，服务报酬率不能超过某个限额。按照公正报酬率规制，当社会资本向公众提供服务时其价格确定以处理服务成本为基础，且最高利润率不得超过政府报酬率规制中的利润率。从现有的签订的PPP项目合约来看，项目回报率大多在7%~12%。回报率低于7%，则项目对于社会资本缺乏吸引力；回报率高于12%，则超过了地方政府的承受能力。

使用价格上限规制的典范是英国，使用公正报酬率规制的典范则是美国。价格上限管制是英国政府在20世纪80年代初对自然垄断产业管制改革中，委托当时伯明翰大学的李特·查尔德（Little Child）设计的一个价格管制模型。在英国的水务、电信等行业，政府对产品或者服务提供指导价格上限，企业最终的产品或者服务定价不能超过政府指导价格。当期的最高限价不仅仅取决于上期的最高价格，还受到通货膨胀率、技术进步率等因素影响。这种规制方式有助于激发运营企业提升管理水平和生产效率以缩减产品成本或者增加产品供给。为了避免过度缩减成本导致的产品或者服务质量下降，这种规制方法的实施需要配以严格的绩效监管。

在美国，政府通常仅对最高报酬率进行规制，只要社会资本的报酬率不超过政府规定的最高限额，则不会受到过多干涉。社会公众在市场上支付公共产品或者服务的最终价格是平均变动成本和利润加总的结果。所以，公正报酬率规制存在成本传递机制，即企业投资所发生的资本支出或运营费用很容易转移到产品或服务的价格上，并不取决于报酬率。考虑到企业不仅缺乏提升效率降低成本的动机，还可能为了获得超额利润而虚增成本，存在瞒报动机，所以，公正报酬率的确定往往变成企业与规制者双方讨价还价的结果。在现实中，政企双方谈判将涉及规制合同的动态博弈问题，其博弈的重心就在于如何防止政府成为"规制俘虏"。

标尺竞争规制原本运用于集团企业绩效评估，最早由美国经济学家安德列施莱弗（Andrei Shleifer）将其引入政府规制研究。标尺竞争规制以同行业的平均成本作为公共服务成本比较的标准。如果单个企业的服务成本高于同行业平均成本，政府则通过对企业施加约束，促使其控制成本。从逻辑上来看，这种规制方式不仅在短期有利于单个企业服务成本的降低，在长期还有利于行业整体平均服务成本降低。对于公共服务来说，在区域内由一家企业提供服务的平均成本会低于多家企业提供服务的成本。所以，在某个区域内，公共服务的最优供给企业应该只有一家。按照标尺竞争规制，如果区域范围内只有一家企业供给服务，那么该企业的服务成本就是该区域的平均成本。此时，标尺竞争规制的实施缺乏实践意义。所以，只能将服务比较区域扩大。比如，将区域内的服务成本和全国的同行业服务成本进行比较。然而，不同区域的物价水平、绩效要求和成本构成都有差异，如果不加区分地进行比较，对区域间异质性的忽略会导致成本调整丧失操作性，即使发现某个项目的服务成本大幅度高于全国平均成本，其成本也很难控制。

无论使用哪一种规制方法，公共产品真实成本的确定都是实现有效价格规制的关键因素。在传统政府规制研究中，通常假设作为规制者的政府和被规制者的社会资本所掌握的信息是一样的，即采用完全信息假设。现实中，政府不可能掌握企业所有的信息，难以确定社会资本的真实成本和为经营而付出的努力，由此导致规制效果与规制目标之间出现经常性偏离。为了破解这种困境，法国经济学家让·雅克·拉丰和让·梯诺尔开创了新规制经济学，放弃了政府与被规制者之间的完全信息假设，将政府和社会资本之间的非对称信息博弈以及社会资本在经营过程中为降低服务成本的努力程度加入规制体系，建立了政府采购中的激励理论体系。

二、PPP项目绩效规制

服务型政府和绩效型政府的创建是近年行政体制改革的趋势和目标。为公众提供满意高效的公共服务是政府追求的目标。公共服务的供给过程可分为公共服务需求表达、供给决策、操作流程、公共服务监督和绩效评估等阶段。

政府绩效评估作为政府有效的管理工具，强调以"绩效"为本，以公众需求的满足和服务质量为最终评价标准，它蕴涵了公众至上和公共责任的管理理念。

对公众需求的满足可以用公众满意度来衡量。公众满意度这一概念来源于企业管理中的顾客满意度。营销学权威菲利普·科特勒（1997）认为，满意是指一个人通过对一个产品的可感知的效果（或结果）与他的期望值相比较后所形成的愉悦或失望的感觉状态。以公众满意度为最终评价标准是公共服务的绩效本质和基本精神。评价公众满意度通常会从公共服务的便利性、公众参与度、公益性、公平性和多样性等五个方面来考虑。

与公众满意度相似，绩效管理也始于企业，后来才被借鉴至各国公共治理领域。20世纪70年代之后，促进公共服务绩效提升成为英国推行新公共管理运动的核心理念之一，并由此推动西方各国对于公共服务绩效管理的重视。新公共管理运动的浪潮之下，部分国家政府开始尝试将企业绩效管理模式融入政府工作。对于政府提供的公共服务绩效评价指标制定，也逐渐开始借鉴并引入商业活动中的顾客满意度评价体系。如美国的顾客满意度指数（ACSI）主要包括顾客预期、感知质量、感知价值、顾客满意度、顾客抱怨、顾客忠诚几个方面；欧洲的顾客满意度指数（ECSI）主要包括感知软件质量、感知硬件质量、感知价值、顾客满意、预期质量、形象、顾客忠诚等方面。即便如此，由于政府服务的复杂性远超单个企业提供的单项产品或者服务，所以政府绩效评价指标体系构建一直被视为"世界难题"。

客观绩效评价和主观公众满意度评价是公共服务绩效评价的两种主要

模式。学术界对公共服务绩效的研究主要有两种思路：一种是3E模型，主要考虑公共服务的经济性（Economy）、效率性（Efficiency）和有效性（Effectiveness）；另一种是IOO（Input Output Outcome）模型，主要考虑公共服务的投入、产出和服务结果情况。此外，绩效考核除了考核结果还需要考核服务过程。所以，360度绩效考核常被用于评估服务过程。360度绩效考核也称为"全方位与多维度的绩效考核"，最早由英特尔公司提出并实施，后被政府和公共部门引入绩效管理，其指标设置围绕工作能力、工作态度和工作质量展开。

虽然公共服务绩效评价指标体系构建很难，但很多国家还是通过自身实践不断摸索合适的绩效管理方式。1977年，加拿大财政委员会和加拿大审计公署颁布和实施了《绩效评价政策》，按照3E模型对政府开支、人事管理和公共部门的经济性、效率性和有效性开展监督和评价。1982年，英国的《财政管理新方案》要求部门绩效评价由各部门自行完成，其他部门提供监督。1993年，美国颁布了《政府绩效与结果法案》来规范地方政府绩效管理活动。

建立高绩效政府是中国建立现代行政管理体制的必由之路。高绩效政府不局限于既定资源的公共产出最大化，还包括以社会公平为基础的公众需求满足和公众满意度提升。根据公众需求变化不断提升公共服务供给绩效并完善公共服务的责任机制和运行机制是政府绩效管理和绩效评估的宗旨所在。中国政府绩效化改革运动始于2001年湖北省恩施市的公共支出绩效管理改革试点工作。传统模式中地方政府重视上级命令甚于公众需求和公众满意度，社会公众知情权和话语权的忽略致使公众监督难以发挥作用。政府的支出预算编制采用"滚动预算"编制方式，缺乏立法机关和社会公众参与。自2007年开始，广东省政府开始发布"广东省地方政府整体绩效评价报告"，首先将地方政府职能定位于促进经济发展、维护社会公正、保护生态环境、节约运作成本、实现公众满意（评价维度），并进一步分解为二级及三级指标。2011年，我国财政部颁布了《财政支出绩效评价管理暂行办法》（财预〔2011〕285号），主要针对项目进行评价。

评价绩效的目的在于找到当前服务的不足和影响绩效的因素，并不断促进绩效改进。目前学术界主要通过对绩效评价和绩效影响因素进行研究以寻找改善绩效的途径，其中绩效评价是绩效改善的标尺和基础，构建科学合理的绩效指标体系则是绩效管理的关键，各方博弈导致的信息失真则会对绩效评价产生干扰。

常用绩效评价方法有关键绩效指标法（KPI）、平衡记分（BS）以及欧洲品质管理基金会（European Foundation for Quality Management，EFQM）建立的EFQM卓越模型。常见影响绩效的因素有知识获取、决策参与、代理成本、不确定性等。在垃圾处理领域，城市环境投入与公众满意度呈正相关，客观绩效评价中的效率评价与公众满意度呈正相关。韩锋（2011）结合中国公共服务供给特点，认为业绩考核可以按照基础分（日常考勤、职业素质、工作完成情况等）所占比例为20%，评议分（工作能力、业务水平以及服务态度等）所占比例为60%，奖惩项目分（培训学习情况、奖励内容以及个人先进事迹）所占比例为20%，综合评价服务业绩。

相比国外部分国家日渐完善成熟的公共部门绩效管理理论研究和实践，中国对公共项目绩效管理的研究尚处于起步阶段，未形成完整的理论研究体系。对PPP项目而言，私营部门、政府部门和公众之间相对统一的绩效目标也未形成。随着PPP项目落地率逐渐提升，许多项目已经陆续进入运营阶段，实施PPP项目绩效管理的重要性和紧迫性日益显现。垃圾处理PPP项目多主体参与、多因素叠加的复杂现状，导致PPP项目绩效管理操作的实务中出现了不少公共利益受损问题。此外，由于部分地方政府片面追求项目数量，在政府付费或者补贴、配套投入等方面给予社会资本过多优惠，使得政府面临的财政风险增加。在这种背景下，2018年，出台《中共中央国务院关于全面实施预算绩效管理的意见》（中发〔2018〕34号）和《财政部关于贯彻落实〈中共中央国务院关于全面实施预算绩效管理的意见〉的通知》（财预〔2018〕167号），明确提出了积极开展政府和社会资本合作（PPP）绩效管理的要求。在规范推进PPP项目的实践中，以绩效付费为目的的绩效评价和绩效考核已经为政府和社会资本方广泛接受。但是，绩效评价仅仅是公共预算绩效管理的一个环节，远未达到"全方位、多层次、全覆盖、全过程"的绩效管理要求。财政部2020年3月发布的《政府和社会资本合作（PPP）项目绩效管理操作指引》（财金〔2020〕13号）虽然给出了PPP新项目建设期和运营期的绩效评价共性指标框架（参考），建议针对项目公司（社会资本）和项目实施机构进行绩效评价，但并未针对垃圾处理PPP项目给出体现行业特点的具体指标体系建议。

第四节　公众利益

公众利益，英文表达为 Public Interest，也可以被翻译为"公共利益"。从语言表达来看，"公众利益"对受益方归属进行了限定，"公共利益"则没有明确的受益指向。即便如此，仍然可以通过对公共利益的解释增进对公众利益含义的理解。

根据《中华人民共和国宪法》第十条，"国家为了公共利益的需要，可以依照法律规定对土地实行征收或者征用并给予补偿。"第十三条，"国家为了公共利益的需要，可以依照法律规定对公民的私有财产实行征收或者征用并给予补偿。"法律虽然没有对公共利益给予精确解释，但从《中华人民共和国宪法》的表述来看，"公共利益"是一个与"私有利益""个人利益"相对应的范畴，是公共的、共同的利益。"公众利益"则可理解为"公众"的共同的利益。基于上述分析，可以将公众利益理解为全体社会成员的个体利益之总和。如果考虑到政府管辖的范围或者行业，也可理解为政府所管辖的特定区域或行业内所涉及的全体社会成员的个体利益之总和。将公众利益与公共服务相联系时，保护公众利益指向的对象则主要侧重于在区域或行业内对具体公共事务处理或公共产品供给不具有直接决策权的成员。

"以民众为中心"的公共管理理念认为公共利益只有在民众使用公共服务的过程中才能得以创造和实现。新公共服务理论中，政府并非公共利益单独的主宰，只是公共服务治理系统中的一个关键角色，新公共服务理论中公民民主和公民参与是关键。社会公众是公共服务的"生产者、消费者和评价者"。1969年，美国著名的规划师阿斯汀在"公众参与阶梯理论"中按照公众参与的程度将公众参与划分为无参与、象征性参与和实质性参与三个阶段。公众无参与是指公众因为利诱或者被操纵而参与，象征性参与是指安抚性、教育性和告知性参与，实质性参与是指决策性、代表性和合作性参与。中国目前在城市公共安全治理过程中的参与主要处在第一和第二个阶段，尚没有全部实现实质性参与。

在公共服务领域，为了解决市场失灵问题，一般由政府承担服务供给责任。公共行政学的重要创始人马克思·韦伯认为，在结构化、标准化和非人格化的行政组织体系中，政府内部"行政者"通过行使权力能够实现公共服务高效供给。查尔斯·T.葛德塞尔却指出，这种行政管理方式只能对政治过程做出回应，阻隔了市场需求和服务供给，难以满足服务使用者要求。所以，欧文·E.休斯认为，传统公共行政再难发挥应有作用，政府公务员角色定位将从"行政者"转向"管理者"，公共行政逐渐转向公共管理。由于公共管理以社会福利和公共利益为目的，所以行政机构的责任机制与公众产生了直接联系。这种情况驱使公共管理者将其与顾客或公众的关系当作日常职责的一部分进行管理。同时，对服务效率、服务质量和服务责任的重视使得政府和公众之间关系不断改善，互动持续加强。在这种转变中，政府从单向服务输出转变为服务输出、服务反馈、服务调整和服务再输出的螺旋式发展。

在信息化和全球化的时代，伴随政府获取数据的便捷性增强和执政理念的不断更新，政府开始前瞻公共服务发展方向并引导培训公众顾客。以中国目前的生活垃圾处理服务为例，政府希望提供服务的各个环节都能体现公众利益至上理念。政府不仅会根据居民特点引导垃圾分类实施，还会结合垃圾分类推进程度和居民行为特征提供区别化的垃圾处理服务。政府和社会资本合作提供公共服务后，得益于社会资本对"顾客导向"理念的熟练运用，公共服务领域对顾客需求的回应也更加及时充分。同时，顾客的特征也会进一步逆向影响公共服务供给。然而，按照公共服务领域的"生产率悖论"，即政府在服务基础设施和其他公共服务方面的资源投入，并没有带来服务生产率的长期增长。由于"供需错配"和"低质低效"现象存在，"生产率悖论"也困扰着中国公共服务管理。所以，如何在重视公众利益的同时提升公共服务供给绩效成为中国政府关注的重点问题之一。

第五节　研究述评

综上所述，国外研究垃圾处理PPP项目已经较为成熟，对项目所涉及的各方面在实践和理论上都在不断完善中，而且部分国家在保护公众利益方面的很多做法已经取得一定成效并得到业界认可。相比之下，由于推行时间较晚，国内关于PPP项目的相关研究起步也较晚，在公众利益保护和项目绩效指标体系构建方面尚且存在一些不足。

首先，针对公众利益、垃圾处理PPP项目和绩效指标体系构建的研究仍分属于三个不同领域，彼此间相互融合并展开的研究很少。对于已经在全国范围"强推"实施PPP模式的垃圾处理领域来说，如果不重视公众利益并借助项目绩效管理进行引导，则难以保障项目实施的发展方向。当项目实施过程中遭遇困难时，难以规范社会资本行为、持续保护公众利益并促进垃圾处理服务供给绩效提升。

目前针对公众利益的研究以公众利益含义范畴、表达方式和保障措施为主，很少涉及具体的行业领域，也不会针对公共服务的某个环节详细展开讨论。另一方面，针对垃圾处理PPP项目的研究更多地会融合行业特点和项目管理要求进行分析，侧重于项目合作前端的谈判、定价和风险分配等，重点在于研究项目如何才能顺利进入实施阶段。但是，即便已经有众多项目进入实施阶段，项目进入实施阶段后的绩效管理尚未引起学术界足够重视，对社会资本绩效考核具有引领作用的绩效指标体系构建缺乏针对性研究，对公众利益在垃圾处理PPP项目绩效指标体系构建中如何体现也缺乏针对性关注。

垃圾处理PPP项目绩效指标体系研究不仅关系到进入实施阶段后的项目运营业绩评价，还直接关系到推行PPP模式的真实利益归属。为了实现PPP模式推广初衷，展现公众利益对项目实施的指导性作用，在对垃圾处理PPP项目进行绩效指标体系构建时需要从公众利益视角出发进行考虑。

其次，垃圾处理PPP项目的绩效提升尚缺乏针对性的研究。通常情况下，可以将社会产品或者服务分为经验品和搜索品。经验品只有在产品或者服务供给过程中才能了解其真实服务质量，搜索品在合约签订时就能了解其真实质量水平。作为公共服务，垃圾处理服务属于经验品，政府在合约签订前乃至合约签订时也不能完全了解具体的服务效果，只有在项目进入实施阶段后，才能在服务过程中掌握真实的服务绩效。现有研究大多不重视垃圾处理服务的这一显著特征。原有垃圾处理服务绩效主要针对政府供给模式下的环卫部门设定。在PPP模式下，虽然垃圾处理服务的直接供给者变成了社会资本，现有针对垃圾处理PPP项目绩效管理的研究仍然侧重于体现垃圾处理服务特点，但对直接供给者发生改变后带来的委托代理关系很少涉及。

此外，针对公共服务绩效管理的研究方法或管理手段主要来源于企业绩效管理，并结合公共服务特点进行局部调整。在公共服务绩效管理早期，这种处理方式及时弥补了绩效管理领域的空缺，为公共服务管理提供了新的管理思路和可借鉴的管理方式。然而，伴随实践发展，当垃圾处理领域推行PPP模式后，这种忽略公共服务和PPP模式的垃圾处理服务绩效研究方式可能影响研究结论和建议的有效性。

最后，现有针对垃圾处理PPP项目的实证研究信息来源较为单一。目前，针对垃圾处理PPP项目实证研究的信息主要来源于政府和社会资本合作谈判成功后签订的合约。PPP项目合约中虽然会对服务绩效和按效付费细则进行约定，但项目进入实施阶段之后的真实绩效却难以通过合同得到反映。即便政府可能按照绩效考核结果对社会资本进行支付并公布相关支付信息，但外界对垃圾处理服务绩效水平的详细情况却难以获知。在这种背景下，针对垃圾处理PPP项目的实证研究信息主要依靠政府或者社会资本对外公布的公开信息，容易导致信息来源单一，缺乏多方信息佐证的论证过程。

针对上述提及的现有研究中存在的不足，本书从以下几个方面进行改善。

第一，将公众利益、垃圾处理PPP项目和绩效指标体系构建三者融合，构建基于公众利益视角的垃圾处理PPP项目绩效指标体系研究框架。首先，将垃圾处理PPP项目的理论溯源归结到公共产品民营化理论，据此把握垃圾处理PPP项目基本特点。然后，结合项目管理中的利益相关者理论抽取出公众这一重要的利益相关者，并延伸至公共利益理论，以此明确公众利益体现的基本要求。接着，结合激励规制理论制定垃圾处理PPP项目绩效指标制定边界。最后，结合公众利益、垃圾处理PPP项目特点和中国推行PPP模式的实践，探索垃圾处理PPP项目绩效指标体系构建。

第二，在垃圾处理PPP项目绩效指标体系构建中体现服务自身特点和供给模式变化特征。为了体现政府和社会资本合作过程中信息不对称时的委托代理关系对垃圾处理PPP项目绩效指标体系制定边界的影响，本书以激励规制理论为基础，以垃圾处理服务的服务质量、服务数量、社会资本努力、技术效率参数和服务成本等关键绩效指标为基础构建分析模型，并结合垃圾处理服务的经验品特征，力求在讨论中体现服务自身经验品的特征和PPP模式下社会资本和政府合作关系变化对服务供给的影响。

第三，针对垃圾处理服务基层工作人员进行调研，扩宽实证研究的信息来源。在PPP模式中，垃圾处理服务虽然是由社会资本向公众提供，但社会资本扮演更多的是投资者和管理者角色，真实的服务者是无数基层环卫人员。本书针对基层环卫人员进行调研，通过最直接的服务信息反映垃圾处理PPP项目绩效指标关键变量之间的关系，为垃圾处理PPP项目绩效指标制定边界提供可靠的信息来源，为垃圾处理PPP项目实务调查研究提供思路。

第三章　理论基础和研究框架

第一节　相关理论

PPP项目中，政府通过与社会资本合作，由社会资本向公众提供公共产品或服务。因此，PPP模式推广常被看作公共产品的民营化过程。相较政府供给模式，PPP项目涉及众多利益相关者，彼此关系更为复杂。根据激励规制理论，为了保障公共利益，促使社会资本提供优质服务，有必要对垃圾处理PPP项目展开绩效激励规制分析。所以，本章将从公共产品民营化理论、利益相关者理论、激励规制理论、公众利益理论、绩效管理理论和路径依赖理论六个方面奠定后续研究理论基础，据此构建文章理论分析框架。

一、公共产品民营化理论

公共经济学中将社会产品划分为公共产品和私人产品，萨缪尔森将具有非排他性和非竞争性消费特征的产品称为公共产品。产品的非排他性是指消费者在消费该产品时并不能排斥他人同时消费并从中获益。例如，消费者在公共道路上驾驶车辆时并不能限制其他司机进入公路。很多情况下，消费者在消费某些产品时能排斥他人同时消费。例如，消费者购买了一双皮鞋，如果他自己穿上这双皮鞋，别人则无法同时消费这双鞋。非竞争性指增加消费者的消费行为不会导致成本增加，即服务供给边际成本为零。例如，多一个行人使用路灯的光亮并不会增加路灯供给成本。与此相对应，同时具有排他性和竞争性特征的产品则属于私人产品。现实生活中，除却私人产品和公共产品，某些产品具有部分公共产品属性，即只具备非竞争性或非排他性。经济学分析中，这部分产品也被划入公共产品。为了区别于同时具有非竞争性和非排他性的"纯公共产品",这部分产品一般被称为"准公共产品"。

为了解决公共产品供给中存在的"市场失灵"问题,理论分析一般认为公共产品应该由政府全权负责。现实生活中,政府也将公共产品供给作为自己应负之责。伴随经济社会发展,很多公共产品的政府供给效率逐渐满足不了公众需求变化。由于政府的财政负担能力、产业创新和技术提升能力有限,与此同时,社会资本在公共服务供给方面不断显现出技术和效率优势,所以,各国政府开始对社会资本开放公共产品市场,允许社会资本进入并向公众提供公共服务。社会资本的参与使得公共产品供给渠道逐步呈现多元化特征。为了满足差异化的合作需求,政府和社会资本合作模式演变出 BOT(Build-Operate-Transfer,建造—运营—移交)、BOOT(Build Own Operate Transfer,建造—拥有—运营—移交)、BOOST(Build Own Operate Subsidy Transfer,建造—拥有—补贴—运营—移交)、TOT(Transfer Operate Transfer,移交—运营—移交)、DBFO(Design Build Finance Operate,设计—建造—融资—运营)等诸多形式。

将社会资本引入公共产品和服务供给领域的初衷是提升供给绩效,然而,历经数年发展之后,那些推行民营化的行业开始暴露出各种新的问题。例如,在项目谈判合作过程中,某些政府工作人员和社会资本各谋私利。有些项目进入实施阶段后,真实公共产品或服务供给效率无法达到项目谈判时设定的水平,甚至低于政府供给模式下的效率,最终使项目推广实践偏离民营化推行初衷。当然这些现象在推行民营化改革的国家都出现过。1990年左右,民营化推行遭遇第一次"逆民营化"冲击,出现部分政府将公共产品或服务再次收归政府提供的"逆民营化"趋势。即便如此,理论界一直试图通过分析政府和社会资本决策过程,寻找规制参与者行为的合理机制路径,希望将政府和社会资本合作的理论优势转化为实践优势。所以,综合"民营化"推动力和"逆民营化"反推动力,世界各国政府结合理论分析成果不断积极探索适合本国发展的"民营化"路径,修正公共产品"民营化"过程中出现的各种问题,以期望引导政府和社会资本合作,回归优化资源配置、提升供给绩效的初衷。

二、利益相关者理论

"利益相关者（Stakeholder）"这一概念的提出可以追溯到20世纪60年代左右。1963年，斯坦福大学研究所将"影响组织生存的支持团体"称为利益相关者。1965年，战略规划大师伊戈尔·安索夫（H.igor Ansoff）在其成名作《公司战略》中指出，企业战略目标制定需要平衡员工、股东、供应商等利益相关者的需求。此后，"利益相关者"的概念开始进入经济管理分析领域。

1984年，弗里曼（Freeman，2006）在其经典著作《战略管理：利益相关者方法》中，根据个体或群体与组织目标之间的作用关系，将利益相关者定义为"影响组织目标实现或者受到组织目标实现过程影响的人"。静态来看，利益相关者和组织目标之间的关系是双向的。如果组织目标设定之后，组织行为会围绕组织目标实现而展开，那么组织中的利益相关者会利用自身权利对组织目标设定进行干预，使自身利益和组织目标协调统一，并在组织目标完成过程中实现自身利益目标。简而言之，组织目标的设定和完成情况会逆向影响利益相关者的行为。所以，利益相关者影响组织目标和组织目标影响利益相关者同时存在。动态来看，组织目标和利益相关者的核心关注之间处于不断调整、彼此互动和动态变化的过程。所以，利益相关者和组织目标的关系也呈现多重联结的互动。

传统经济学理论分析中，"经济利益最大化"是理性决策主体追逐的唯一目标。在项目管理中，经济利益可具体化为时间、成本和质量三要素的综合要求。例如，在限定的时间范围内，以约定或者合理的成本投入提供符合质量要求的产品，也可以按照计划的成本投入和质量要求，在约定时间内提供产品，还可以在约定时间和质量要求后，以最低成本提供相应产品。

在利益相关者理论出现之前，经济决策分析只需要考虑项目的经济利益就可以了。利益相关者理论出现后，决策主体除了需要考虑经济利益，还需要全面了解利益相关者诉求，通过各种方式对这些诉求进行管理并使之得以平衡。以焚烧类PPP项目为例，如果不考虑利益相关者诉求，社会资本只需要考虑项目盈利就可以了。例如，社会资本在项目中可能用燃料投入量替代垃圾投入量以增加发电量并获得相应收入，无需考虑这种做法对生态环境和财政的影响。如果需要考虑利益相关者需求的话，社会资本除了考虑项目持续盈利，还需要顾及公众对项目运营的安全性要求和政府项目运营的社会责任承担等。

虽然项目中的利益相关者可能都会对项目完工时间、项目产出成本和质量产生不同程度的影响，但是利益相关者的界定标准难以统一，不同情境不同视角考虑的项目利益相关者识别也存在差异。美国项目管理协会（PMI）（2013）在《项目管理知识体系指南（PMBOK）》中将项目经理、用户、项目实施组织、项目管理团队、项目团队成员、投资者、项目涉及的周边群众等都看作项目的利益相关者。分析存量PPP项目利益相关者价值冲突时，金融平台公司、地方政府、总承包商、分包商、SPV公司、PPP项目咨询机构、社会资本、商业银行、当地居民、设备供应商等都可被认定为利益相关者。如果分析科技创新领域PPP项目，常见的利益相关者包括政府、社会资本方、公立科研机构、设备供应商、行业协会、科技成果承接与使用单位和公众等。这种管理目标多元化和社会关系网络化会使得项目管理面临更多挑战。

三、激励规制理论

传统规制经济学以政府和被规制企业的完全信息和完全理性为假设前提。在信息维度，假设政府和被规制企业均能掌握充分信息且熟知对方行动策略。在理性维度，假设被规制企业满足经济理性要求，将根据政府行为选择实现自身利益最大化的经营策略。同时，政府也满足责任道德理性，以公众利益最大化为规制目标，且有能力做出合理决策并保证决策有效实施。按照传统规制经济学分析，政府实施的理性规制能够使市场失灵得到有效纠正。然而，"规制俘虏"和"规制勒索"的出现，使完全信息和政府追求公众利益的道德理性假设遭到质疑。

20世纪70年代，乔治·斯蒂格勒（George Joseph Stigler）以集团利益最大化和规制机构经济理性为假设，将规制作为内生变量纳入经济学标准的供给需求分析，从而构建了利益集团规制理论的基本分析框架。20世纪70到80年代，更为贴近现实的有限理性和不完全信息假设逐渐形成规制理论分析基础。至此，规制经济学进入新规制经济学阶段（张红凤、杨慧，2011）。

新规制经济学的奠基人法国经济学家让·雅克·拉丰和让·梯诺尔（2014）认为，企业替代政府向公众或者顾客提供服务时，即便存在合法的信息公开程序和要求，由于企业拥有更多关于技术、市场、顾客和生产方面的信息，无论政府使用什么规制手段，逆选择和道德风险都会存在。所以，企业总是有机会可以通过合法方式获得额外租金。为了诱使企业在合作过程中显示真实信息、提供优质公共产品或服务且不断提升供给效率，政府需要根据企业特点对其进行激励性规制。

在传统规制经济理论分析中，被规制企业决策过程处于"暗箱"之中。学者主要针对政府规制输入和被规制企业决策输出两端进行分析，对处于终端的被规制企业决策过程甚少涉及。让·雅克·拉丰和让·梯诺尔打破传统藩篱，通过对被规制企业行为约束、行为动机和决策目标进行结构化模型化处理，将社会资本努力和技术水平纳入分析体系，将这两个因素与服务数量及服务质量共同作为公共服务的成本影响因素，以社会福利最大化为目的、社会资本效用非负为约束进行分析，最终使得原本处于"暗箱"的决策过程透明化。根据激励规制理论，政府可通过设计合理的激励规制机制并结合规制目标向被规制企业提供一系列合约选择清单。对于政府提供的合约选择清单，企业经过分析后会发现，只有向政府告知真实信息才符合自身利益。所以，可以通过这种方式诱使企业向政府显示真实生产成本和技术效率。政府根据企业选择提供激励工具，促使被规制企业降低成本并提升效率，最终推动产业发展，从而实现社会福利最大化。在激励规制合约清单中，价格是政府和被规制企业关注的核心，针对企业的激励规制也可看作为了实现规制目标的公共产品或服务价格而确定。同时，服务成本、技术效率水平、服务数量、服务质量和社会资本努力是激励规制理论中社会资本进行运营决策的核心绩效指标。所以，针对社会资本的激励规制也可以看作为了实现规制目标的公共产品或者服务绩效指标而确定。

四、公共利益理论

公共利益可被看作全社会共同享有的福利和权益，涉及社会稳定、公平、福利和安全等诸多内容。从字面上来看，公共利益是公众的共同利益，是笼统的社会总体利益总和。当社会利益从个人利益延伸到社会总体利益时，个人利益的汇总将衍生出社会总体所要求的社会稳定、公平、安全和福利等内容，而非单纯的个人利益加总之和。

社会学家庞德将公共利益作为政治组织基于社会生活视角提出的主张、需要和愿望。按照这种理解，公共利益不仅包括全社会当前可能实现的利益总和，还可能涉及处于社会发展愿景中的社会公众可能实现的福利状态。所以，任何可能影响社会公众当前利益或者未来利益的行为，都可被看作影响公共利益的行为。出于对公众利益的保护，任何有益于增进公共利益的行为都需要给予支持，对于损害公众利益的行为都要及时防止。

在市场经济条件下，亚当·斯密认为"看不见的手"对社会资源调配过程起着决定性作用。假设某种商品有非常多的卖方，卖方将以相同的方式向市场提供同质产品且不能控制或操纵商品市场价格。同时，任何卖方提高或者降低商品价格，都会招致利润减少。同样的，假设市场上也有无数的买方，任何单个买方退出市场都不会对商品的总需求造成明显的影响。在这种背景下，买方和卖方均是价格接受者，商品价格将由买卖双方形成的供需条件决定。当单个买方或者单个卖方都无法影响价格时，价格便成为资源配置的最佳信号。卖方和买方都可以根据价格信息进行决策。满足上述条件的市场被称为完全竞争市场。按照经典的价格理论分析，这种情况下资源将得到最优配置并实现社会福利最大化。这里的社会福利最大化，也可以理解为公共福利最大化或者公共利益最大化。然而，经济生活中的绝大多数商品市场都无法满足完全竞争市场存在的所有前提假设，普遍存在信息不对称、不确定性、外部性、垄断等状况。此时，依然依靠"看不见的手"实现社会资源的完全调配，则可能损害社会公共利益，从而产生市场失灵。为了纠正市场失灵所导致的公共利益损失，实现社会福利最大化，政府需要对相关行业进行直接干预，从而保护公众利益。

根据公共利益理论，如果在经济分析模型中只考虑企业和消费者，那么政府关注的社会福利由企业福利和消费者福利组成。寻求社会福利最大化的过程就是设置最优条件使企业福利和消费者福利之和达到最大值的过程。通常情况下，社会福利最大化条件不一定是企业福利最大化条件。所以，可以将政府所追求的社会福利最大化看作通过对企业福利和消费者福利的均衡。政府监管的目标是实现社会福利最大化，所以政府需要同时关注企业福利和消费者福利。企业数量少，容易形成相对统一的利益目标和表达方式。相反的，消费者数量一般较多，难以在有限时间内形成统一稳定的利益目标和表达方式。这种状况导致企业更容易向政府表达自身的利益诉求，而消费者则难以形成有效表达。由此可见，社会福利最大化的核心，并非单纯增加企业福利，而要侧重于增加消费者福利。所以，保护公众利益的重点在于保护消费者利益。

五、绩效管理理论

在汉语语境中，《尔雅·释诂》将"绩"解释为功、业、事、成等含义。《淮南子·修务训》中提到"效亦大矣"，苏洵在《六国论》中提到"用兵之效"，都可将"效"理解为功效、效果和结果的意思。所以，《现代汉语词典》将"绩效"解释为成绩、成效。无论是商业企业还是政府部门，绩效都可理解为主体投入自身资源所能得到的最终产出或结果。其中，可用资源不仅包括可供企业或者政府部门运用的劳动力和资本，还包括组织整合管理劳动力和资本的方式过程。绩效的提出代表了组织对结果的重视。

对于项目而言，通常情况下，对其实施管理是为了使现实结果符合预期判断。在现实和预期之间，如何通过合理的方式或手段拟定评价指标体系，从而实现对项目绩效的合理有效评估成为关键。于是，项目绩效评估理论最先得到发展并受到重视。

在项目绩效评估完成之后，如何通过项目管理改善或提升项目绩效成为正常诉求。同时，项目绩效评估的指标体系构建也为项目管理提供了方向和思路。最初的项目绩效管理只是围绕绩效评价指标体系进行引导和激励，希望以绩效评价指标为导向促使项目参与人员积极回应评价体系中的各项指标要求。伴随管理实践发展，项目绩效管理中激励为主的管理模式逐渐与强制管理融合，对执行力起到了强化作用。

同时，受社会经济环境变化影响，项目绩效评价指标也可能相应发生变化。项目管理者根据经济波动、行业发展和企业定位等从诸多绩效评价指标体系中抽取出了影响项目最终表现和竞争力的相对稳定的指标，据此形成绩效评价核心指标并据此指导项目绩效管理。于是，绩效管理思路从单纯的改善绩效评价指标表现逐渐转变为以组织目标为导向对企业核心竞争力的提升。绩效管理理论通过继承并发展绩效评估理论而实现自身理论体系的不断充实丰富，其关系如图3.1所示。

图3.1　绩效管理理论的逻辑发展

绩效管理（Performance Management）可被看作以组织目标或组织愿景为导向，为了提升企业或政府部门的绩效表现，借助绩效信息的传输、使用、分析和运用，通过绩效计划拟定、绩效过程监控、绩效评价和绩效反馈的循环管理，借助个人或组织执行力提升，最终实现对组织现有人才物资的最有效、充分、合理利用的过程（贾九洲，1983）。绩效目标可理解为利益相关者对企业经营或政府服务结果的综合诉求。因此，绩效管理的实质也可看作为了满足各利益相关者诉求而进行的一系列管理活动。项目绩效管理的循环过程如图3.2所示。

图3.2　项目绩效管理的循环过程

系统的绩效管理理论形成于20世纪70年代中后期。最初的绩效管理单纯以组织绩效提升为目的，后期逐渐演变成以提升组织核心竞争力为目的，并通过核心竞争力与绩效指标体系之间的衔接使绩效指标主体在动态变化中体现出渐趋稳定的变化方向。当绩效指标能够体现组织的发展目标、管理方向、利益相关者诉求和管理意图时，绩效管理将围绕绩效指标实现逐渐形成循环往复的良性管理过程。如果绩效指标不能展现出组织发展的方向或者利益相关者诉求，绩效管理将处于绩效指标和组织发展的冲突矛盾之间而无法使组织资源得到合理配置。可见，设定合理绩效目标是进行有效绩效管理的前提。

六、路径依赖理论

根据道格拉斯·诺斯的路径依赖理论（Path Dependence），人类社会的制度变迁与物理学中的惯性具有相似性，一旦进入某种路径，便可能形成依赖而难以脱离既有轨道，未来的经济制度都可能在之前制度的基础上进行调整和强化。

形成制度路径依赖的原因可能有以下几种：

第一，制度的推广实施存在规模效应（Economies of Scale）。每项制度的设置都需要耗费大量的初始成本，当某项制度在一定范围内获得成效并得到推广时，不仅制度实施区域的制度推行边际成本会逐渐降低，制度实施的平均成本也会不断降低。相比新制度选择，维系原有制度具有显著的成本优势。比较新旧制度的社会成本之后，理性社会演绎过程将倾向于选择低成本路径。

第二，制度推广存在协调效应（Coordination Effect）。任何制度设计都不可能完美地预判并解决运行过程中出现的所有问题。一方面，这种不完美使得制度不能适应所有的社会实践。另一方面，这种不完美也为制度本身的调整预留了空间。在推广实施过程中，制度如果想在实践变化中得以延续存在，就需要根据实际情况进行调整修正。通过这种调整方式，制度将不断适应不同区域的现实情况，以此增强制度和地方实况之间的协调性，使得制度的生命力得以旺盛。所以，当制度在运行过程中遭遇困境时，制度需要运用自身的协调性使其主动适应社会变化过程。

第三，制度接受存在学习效应（Learning Effect）。制度推广初期，最先适应制度的组织可能从制度规则中获得额外收益。这种状态将在制度推广过程中进一步扩散，从而吸引更多组织接受制度并模仿初期获利者行为，继而推动制度实施范围的扩大。

第四，制度推广存在适应性效应（Adaptive Effect）。伴随制度的逐步推广，越来越多的社会契约将在制度下签订，为了维持预期稳定，避免制度变化给契约履行带来的不确定性，社会组织会自主自发地对制度进行维持和巩固，以此保障自身利益不会因制度变迁而遭受损失。

基于上述原因的存在，当某种制度被选择后，组织倾向于持续在这种制度之下运作，表现出制度选择路径的依赖特征。

第二节　研究的理论分析框架构建

本书从公众利益视角阐述垃圾处理PPP项目的绩效指标体系构建。结合前文理论分析，本节结合公共产品民营化理论、利益相关者理论、激励规制理论、公共利益理论、绩效管理理论和路径依赖理论构建文章的理论分析框架。

一、政府供给模式下垃圾处理服务绩效指标制定的路径依赖

根据路径依赖理论，中国垃圾处理领域的管理制度也体现出路径依赖特征。

首先，中国垃圾处理服务管理制度制定初始成本高。中国幅员辽阔、人口众多且经济发展存在区域差异，任何制度的推广实施都需要周详设计和安排，必然产生较高投入成本。同时，垃圾处理服务的顾客是广大民众，服务供给绩效直接影响民生福祉和社会和谐团结，政府会慎重考虑垃圾处理服务管理制度的推广，以避免制度频繁变化而产生社会冲突。所以，如果要推行新的管理制度，中央政府将在制度制定时周详地计划考察并因此产生较高的初始成本。反过来，过高的初始成本将促使中央政府在制度制定时更加谨慎，以避免制度频繁变化带来的社会成本增加。

其次，地方政府的制度补充将增强垃圾处理服务管理制度的协调性。按照中国制度实施的基本模式，中央政府负责制定基本垃圾处理服务管理制度，地方政府可以在不违背中央管理制度精神的前提下根据区域特征和制度执行需要对垃圾处理服务管理制度不断进行补充调整，使其更加切合当地实际。通过这种方式，垃圾处理服务管理制度的协调性将得到增强。

再次，政府官员的晋升模式将强化垃圾处理服务管理制度的学习效应。为公众提供满意服务是地方政府的重要职能，在GDP经济增长目标被淡化的背景下，绿色高效多元的政府绩效目标考核系统正在逐渐形成。

最后，PPP模式的推广增强了垃圾处理服务管理制度的适应性效应。垃圾处理领域的PPP模式推广将社会资本引入垃圾处理服务领域，政府和社

会资本依托现行垃圾处理服务管理制度签订各类期限金额不一的合同。垃圾处理服务管理制度的频繁变化可能会启动 PPP 项目合同再谈判程序，使服务供给和合作面临更多的不确定性。为了降低制度变化带来的合作风险，社会资本和地方政府都希望维持现行垃圾处理服务管理制度的稳定性。

所以，对于垃圾处理 PPP 项目而言，PPP 模式推广虽然改变了政府和社会资本在垃圾处理服务供给中扮演的角色，但未来的垃圾处理服务管理制度对长期以来政府供给模式下的垃圾处理服务管理制度的依赖性却不会完全改变。

长期以来，各国的公共服务基本由政府主导提供。在绩效评估方面，英国、美国、德国等西方多国很早就开始借鉴商业企业绩效管理理念用于评估，引导政府部门提升公共服务供给效率。中国的政府绩效管理是在借鉴西方发达国家绩效管理经验并结合中国政府管理现实基础上逐步发展起来的。在"结果导向"理念的引导下，中国政府通常会将行政目标分解并具体化为相应的绩效指标，然后依托绩效指标进行绩效评估，从而逆向引导各行政部门行为。垃圾处理服务领域的管理制度是管理理念、产业发展方向和管理经验的集中体现。绩效指标是绩效评估的主要依据，也是绩效管理的核心，最能体现绩效管理的主旨和目标。根据路径依赖理论分析，在缺乏外在冲击的情况下，政府将不可避免地受到原有绩效管理思路影响并依赖原有绩效管理经验制定绩效指标细则。当管理制度存在路径依赖时，从属于管理制度的绩效指标制定也可能存在一定程度的路径依赖。据此，提出假设如下：

假设 1：政府供给模式下垃圾处理服务绩效指标制定存在路径依赖。

二、PPP 模式对垃圾处理绩效指标的驱动调整

PPP 模式在垃圾处理领域的推广可能促使垃圾处理绩效指标制定在路径依赖基础上出现驱动型调整。PPP 模式是公共服务供给领域的模式创新。通常情况下，政府绩效管理发展路径有创新驱动和路径依赖两种。其中，创新驱动主要借助治理体系重构和治理能力提升实现（包国宪、刘强强，2021）。从诸多国家实施公共服务民营化结果来看，社会资本的引入能够有效提升垃圾处理服务供给绩效。与传统政府供给模式相比，PPP 模式推广使

社会资本在商业领域的绩效管理融入传统公共服务绩效管理，为垃圾处理服务供给绩效管理带来新的驱动因素，从而促使绩效指标制定实现调整。

首先，PPP模式改变了政府、公众和社会资本之间的关系。传统政府供给垃圾处理服务模式下，政府直接为社会公众提供服务，社会资本与政府和公众之间几乎不发生直接关联。垃圾处理服务的直接利益相关者是政府和社会公众。伴随20世纪70年代始于英国并席卷全球的公共服务民营化改革，世界各国政府都在不同程度不同领域积极尝试与社会资本合作，试图通过借助社会资本的专业能力提升公共服务供给效率，由社会资本替代政府直接为公众提供公共服务。政府对公共服务的管理则由服务绩效管理转变为政府依托公共服务并监督社会资本对PPP项目实施管理。从形式上来看，民营化改革使公共服务的直接供给者由政府转变为社会资本。然而，公共服务的民营化改革只是改变服务供给模式，并不影响服务真实的责任归属，政府仍然是公共服务的终极责任人。但是，服务供给模式的变化使得政府在履行公共服务供给责任过程中需要借助社会资本才能完成自身任务。原有的"政府—公众"的服务链及信息传导机制被"政府—社会资本—公众"取代，政府与公众之间直接的委托代理管理转变为政府与公众、政府与社会资本的双重委托代理关系，并衍生出公众与政府、政府与社会资本、社会资本与公众的多重互动关系。如果以公共服务为核心，根据利益相关者理论和公共服务涉及的主要关联方，可识别出PPP项目中的最重要的三类利益相关者——政府、公众和社会资本。为了防止社会资本逐利特征与公共服务公益性特点发生冲突，政府虽然从繁琐的公共服务供给实务中得以脱身，却无法置身事外，仍需对社会资本进行监督监管，确保公共服务绩效目标得以实现。

其次，垃圾处理服务利益相关者关系变化将促使绩效指标相应调整。在公共服务的传统供给模式中，政府可以根据公众需求、季节变化、社会经济发展水平、财政资金拨付数额和事故事件突发情况灵活调整服务供给和服务绩效管理。政府自发实施"计划—执行—评估—改进"（Plan Do Check Act，PDCA）的绩效循环管理过程。PPP项目中，政府和社会资本之间的责任义务主要依靠合同进行约束。传统公共服务供给模式下政府需要向公众兑现的供给承诺，将通过合同约定并转化为现实的绩效考核指标细则，在政府监管下由社会资本履行。在公共服务合作谈判中，政府和社会资本将就合约存续期内的服务细则达成一致意见。此后，政府依据合同对社会资本进行监管，社会资本则按照合同约定的服务绩效获得报酬，并根据绩效目标设定实施PDCA绩效循环管理。由于PPP项目合同一旦签订即具备法律意义，所以合同条款调整需要政府和社会资本在外在条件发生变化且达到临界阈值后才可启动再谈判。从PPP项目再谈判实施情况来看，受再谈判交易成本影响，政府和社会资本更希望在谈判初期对未来的可能风险进行约定协商并形成相应绩效管理条款，而非项目实施过程中启动再谈判程序。所以，政府和社会资本要兼顾政府供给模式下的垃圾处理服务绩效考核要求和社会资本自身盈利需要，以期望设计出在项目运营期间能够顺应社会环境变化的绩效考核指标。

然后，PPP项目绩效指标需要将政府供给模式下的隐性绩效要求进行显化。在政府供给模式下，垃圾处理服务只是政府提供的诸多公共服务中的一项，各种公共服务之间相互交织联系。例如，垃圾处理服务费用支付与专项收支有关，垃圾处理服务费用使用与政府资金使用效率有关，垃圾处理过程需要满足环境保护相关要求。在垃圾处理服务绩效要求方面，政府主要针对垃圾处理服务结果提出基本要求，对垃圾处理服务供给相关联的其他绩效要求则由关联各方另行制定。比如，专项收支可能由物价部门制定相关绩效要求，政府资金使用可能由财政部门制定相关绩效要求，环境保护可能由环保部门制定相关绩效要求。政府供给的垃圾处理服务过程需要满足相关各部门要求。当垃圾处理服务采取PPP模式进行供给时，绩效要求制定方和执行方限定为政府和社会资本，政府需要将之前分散于各部门的隐性绩效要求进行汇总并显化为对社会资本的绩效要求，以此作为考核社会资本服务效果的基本指标。

此外，PPP项目绩效指标还需要体现未来的绩效考核变化方向。传统服务供给模式下，政府对于服务过程中出现的各种新情况可以随机应变，服务质量、服务时间、服务人员、服务成本和服务区域等都可以在上级政府统筹下灵活调整，绩效指标可以根据服务实情灵活调整。PPP项目中，政府和社会资本要依靠合作初期签订的项目合同履行各自职责，这导致政府丧失了灵活调整服务的权利，社会资本也需要在合同约束框架下提供相应的服务。为了持续PPP项目执行期间政府对垃圾处理服务绩效的话语权，政府需要提升对未来绩效变化可能的预判力，在合同谈判初期就各种可能情况与社会资本沟通协商并形成一致意见。据此，提出假设如下：

假设2：PPP模式引入会改变垃圾处理服务绩效指标体系。

三、公众利益视角的垃圾处理PPP项目绩效指标制定

维护公众利益是政府公共受托责任的核心要求，这种价值取向直接影响政府绩效评价指标构建。在垃圾处理PPP项目中，这种责任要求不因服务供给模式创新而改变，只是责任履行方式由政府独立完成转变为政府监督社会资本完成，服务监督考核的依据则是项目绩效合同。政府对公众的服务责任和保护公众利益的宗旨将具体化为PPP项目合同中的绩效指标条款。受PPP项目按效付费机制驱动，社会资本在垃圾处理服务过程间接地履行政府对公众的责任，从而获得相应收入并实现自身利润目标。所以，将公众利益具体化为PPP项目绩效可以从政府制定指标和社会资本完成指标任务两个角度进行分析。

单纯考虑绩效指标更改可能带来的再谈判成本和公众对服务不满意而导致的社会不和谐，政府会倾向于在绩效指标中完备地体现公众利益所有内涵。所以，从逻辑上看，保护公众利益的最佳方法是政府在垃圾处理PPP项目绩效指标制定时将所有可能影响公众利益的情况都加以考虑并形成对应条款。然而，这种设想会面临很多现实困境。首先，政府和社会资本决策受制于当前社会经济技术的客观现实条件，很难对项目合作期间可能出现的对公众利益产生影响的情境进行精准预测。其次，即便基于当前现实条件和公众利益的理解可以形成完备绩效指标体系，伴随社会经济发展，公众利益内涵在未来仍可能发生变化。再次，PPP模式推广承载了诸多现实意义，政府在多目标情境下进行决策可能影响公众利益保护。PPP模式推广初衷是创新公共服务供给机制，借助社会资本的专业服务和管理提升垃圾处理服务供给绩效。此外，PPP项目实施还可以缓解政府的财政压力，平滑经济周期变化对实体经济的影响，促进垃圾处理产业发展并引入行业竞争。最后，公众利益保护需要考虑社会资本承载能力。社会资本是理性"经济人"，其参与垃圾处理PPP项目是为了获得收入并实现利润。垃圾处理PPP

项目中，社会资本的付出将影响真实的公众利益保护程度。社会资本将在成本和收益之间均衡垃圾处理服务供给过程中对公众利益实施的保护。在极端情况下，如果政府将PPP项目执行期间可能涉及公众利益的各种细节都形成相应条款并要求社会资本从合作初期开始执行，必然会增加社会资本的投入。社会资本参与垃圾处理PPP项目需要考虑自身成本和收益，当政府支付不能使其实现目标利润，甚至不能覆盖其成本支出时，社会资本则可能退出PPP项目。

所以，除了从政府角色对垃圾处理PPP项目涉及的公众利益进行考虑之外，还可以从社会资本角色对绩效指标制定中的公众利益体现进行探讨。

从现行的垃圾处理收费制度来看，垃圾处理PPP项目的付费来源主要是居民缴纳的生活垃圾处理费和政府财政收入。目前各地生活垃圾处理费基本是定额收费，一经确定则多年不变。除了垃圾处理服务费用，财政收入还要用于支付政府职责范围内的诸多公共服务费用。因此，政府不可能无限制增加垃圾处理领域的财政投入。换言之，社会资本从垃圾处理服务中所能获得的收入是有限的。当收入有限时，社会资本所能提供的服务绩效水平也是有限的。

根据法国经济学家让·雅克·拉丰和让·梯诺尔的激励规制理论，公共服务民营化过程中影响社会资本服务供给决策最关键的因素限定为服务质量、服务数量、服务成本、服务技术和社会资本努力水平。同时，这几个因素也代表了垃圾处理服务结果，即服务绩效。所以，可以将这几个因素看作同时影响社会资本决策的关键绩效指标。激励规制理论以关键绩效指标为基础，以社会福利最优函数为目标，在政府和社会资本之间信息不对称的状态下构建激励规制模型，以此探索实现社会福利最大化条件下的最优社会资本激励规制机制。

然而，在激励规制理论中，让·雅克·拉丰和让·梯诺尔两位学者主要刻画了服务质量、服务数量、服务技术和社会资本努力水平对服务成本的影响，对各因素之间的关系则未展开讨论。对垃圾处理服务来说，当服务质量要求提高时，可能导致服务数量增加，也可能导致服务技术水平提高或者社会资本努力水平增加，最终使得服务成本增加。如果服务数量增加，可能导致服务质量增加，也可能导致服务成本增加。当然服务技术水平通过服务设备更换提高的话，也可能节约更多的劳动力投入。一方面，服务设备增加可能导致成本增加；另一方面，劳动力节约可能导致服务成本降低。可见，影响社会资本服务绩效的关键指标之间相互联系，彼此牵制且相互作用。

当政府基于公众利益提升某个方面的绩效表现时，对社会资本的绩效要求也会相应变化。所以，政府对垃圾处理服务的绩效要求是多样化的。相比之下，社会资本的关键绩效指标则是相对稳定的。借鉴激励规制理论的分析思路，如果政府能够甄别出关键绩效指标之间的互动关系，即可在基于公众利益制定绩效指标时掌握社会资本服务过程中各种绩效表现的可能变化和相互传导机理，更加有助于掌握绩效指标变化对于社会资本经营决策的影响。据此，提出假设如下：

假设3：垃圾处理PPP项目绩效关键指标相互影响。

激励规制理论认为，由于政府和社会资本之间客观存在的信息不对称状态，为防止社会资本的道德风险或逆选择导致社会福利受损，政府需要在PPP项目合作中对社会资本进行激励规制。也就是说，激励规制理论分析框架剔除了可能影响政府决策的其他目标，仅以促进社会福利最大为主旨。此外，在利用激励规制理论分析时，社会福利由公众利益和社会资本利益组成，社会资本利益可以通过约束条件加以限制。所以，激励规制理论分析的主要目的是保障社会资本基本诉求的情况下实现公众利益最大化。这种理念与垃圾处理领域推行PPP模式初衷一致。由于激励规制模型构建以关键绩效指标为基础，对社会资本实施激励规制时，关键绩效指标可能成为重要的规制工具，因此，最优激励规制条件中对关键绩效指标的要求也可以理解为以公众利益为导向时关键绩效指标的变化边界。如果能够预判出各关键绩效指标之间的互动关系和变化边界，从而将未来的绩效水平变化或变化方向限定在可控可接受范围之内，将使得政府在合作关系中不至于因实际绩效差异背离公众期望而陷入民众不满和社会资本不接受合作的两难境地。据此，提出假设如下：

假设4：基于公众利益实现最优垃圾处理PPP项目绩效激励规制时的关键绩效指标存在变动边界。

根据上述分析，本书核心内容结构框架如图3.3所示。

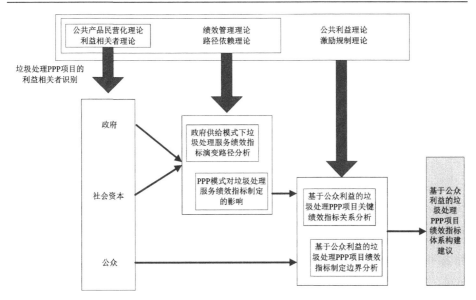

图3.3 本书核心内容结构框架

第四章　政府供给模式下垃圾处理服务绩效指标演变路径分析

本章主要针对"假设1：政府供给模式下垃圾处理服务绩效指标制定存在路径依赖"进行验证。垃圾处理服务绩效指标制定与垃圾处理服务实践密不可分。在政府供给模式下，垃圾处理服务实践受到垃圾处理服务绩效指标指引，垃圾处理服务绩效指标制定也不能脱离垃圾处理服务实践而存在。

第一节　生活垃圾治理历程

本章对生活垃圾治理的溯源从1949年开始，按照社会资源配置方式变化和生活垃圾治理思路变化划分为四个阶段：第一个阶段是1949年到1979年，第二个阶段是1980年到1999年，第三个阶段是2000年到2013年，第四个阶段是2014年至今。

一、第一阶段（1949—1979年）

1949年新中国成立以后，国家财力有限，百业待兴。政府计划和指令是调节社会资源配置的主要方式，直接决定社会生产、分配、交换和消费。当时选择优先发展重工业的战略，城市居民日常生活消费品的种类和数量有限。

户籍管理和住房供给制度使得人口流动和居民易地搬迁很少，左邻右舍相知熟悉，人与人之间的信任度高。

社会生活方面，由于针对家庭生产的化学品不多，电灯电池使用范围很小，由此而产生的有毒垃圾极少。慢节奏的生活、相对紧张的生活物资条件、熟人社会中的彼此信任，让居民自发自觉参与到垃圾分类回收中来。

通常情况下，居民对可回收垃圾进行再利用或者转送给他人使用（比如将啤酒瓶用来装酱油和醋，旧衣服织物送给亲戚朋友等）；或者分类收集后出售给走街串巷的小贩；即便直接丢弃，也会经由拾荒者收集后再出售。票证经济下可购买的食物有限，居民极为珍惜粮食。大多农村家庭通常居家饲养家禽牲畜，这样可以吸纳部分厨余垃圾。

1980年以前，供销社是实现废旧物资回收利用的重要枢纽。生活垃圾中可被回收利用的物资，如废纸、废塑料、金属和各类玻璃器皿等，可以通过供销社收购回收，再次投入生产环节。在普通居民、拾荒者、垃圾回收小贩和供销社的共同作用下，剩余的需要环卫部门处理的城市生活垃圾其实以动植物体和腐殖质体等有机物为主，可以用作农业肥料。所以，城市生活垃圾的主要处理方式是拖运到近郊的农村做肥料。少量剩余的其他垃圾简单拖放到空地，对周边水土影响也不算大。

二、第二阶段（1980—1999年）

在这个阶段，资源配置方式开始由指令计划向市场调节转化，经济建设成为国家工作重心，轻工业生产逐渐得到重视。粗放型增长方式为社会居民提供的生活消费品种类和数量逐渐增加。

生活物资的逐渐丰富使百姓无须精打细算也能安稳度日，居民消费增加，反复使用或者接受别人旧物的情况逐渐减少，家庭垃圾数量增加。

计划生育政策实施后，"再苦不能苦孩子"的观念逐渐被接受。独生子女开始享受父母能够给予的最好物资资源和社会财富增加带来的福利，"穿新衣，过新年"逐渐取代"缝缝补补又三年"。1980年以后，"看不见的手"开始在经济社会中引导资源配置，生产企业对于可回收物资再利用的热情下降，供销社逐渐退出废旧物资回收市场，拾荒者和废品收购者虽然继续对可回收垃圾进行回收处理，但回收利用的物资占可回收垃圾的比重很难达到计划经济时代。

伴随经济的增长和人民生活改善，砖瓦石块、玻璃器皿、铁器塑料和炉灰渣等也随着有机物进入农田，不仅影响作物产量，还破坏了土质肥力。在城区，任意倾倒垃圾的现象日益严重。倾倒在居民区、风景区、河道旁的垃圾给居民生活带来了困扰，严重影响生活环境。城市的生活垃圾只有

40%～50%得到清运（无害化处理率不足2%），它们或者被用于填河造地，或者被拖到近郊露天堆放，其余的堆放在环卫死角和江河湖海附近。到了80年代末期，长江、湘江、嘉陵江两岸都因垃圾堆放形成了很长的垃圾带，南京近郊、北京的三环和四环之间到处可见随地堆放的垃圾，上海的黄浦江南岸垃圾堆积成山。

由于国家财政困难，制订经费计划时，对于"赔钱"的城市生活垃圾处理"吝不忍予"。"七五"期间，城市生活垃圾处理投资仅1亿元，占同期城市建设维护税的1.8%。根据《城市建设统计年鉴》（2016年），1979年全国城市生活垃圾的清运量是2 508万吨，1986年突破5 000万吨，1989年突破6 000万吨，1991年则是7 636万吨。城市生活垃圾不断增加，机动车辆、环卫工人并没有相应增加，而且环卫工作人员工资比其他工种低一级，财政无法给予环卫工作太多支持。资金短缺，导致很多城市环卫部门仅能勉强维持日常运营，难以负担垃圾运送所带来的劳动力、设备和燃料消耗费用增加，无力增购设备和进行技术改造。

以北京为例，1982年比1980年的清运量增加50%，经费基本没有增加，新建干路无力接管，环卫设施并没有纳入城市总体规划和区域规划。由于资金有限，垃圾收集清运的机械化进展很慢，设备数量也不能满足需要，大多数区域仍然依靠人力或者无人看管的垃圾箱进行收集，依靠畜力车或者普通卡车运输。

90年代初期，大多数城市采取的处理方式仍然是露天堆放或者堆肥，杭州、无锡和天津等地开始尝试卫生填埋的方式处理生活垃圾。对于垃圾焚烧，由于设备主要依靠进口，价格昂贵，后续维修费用对地方财政造成的压力大，仅有深圳开始尝试垃圾焚烧。到90年代中后期，堆肥已经逐渐减少。由于垃圾焚烧费用太高，且焚烧技术尚未国产化，处理费用居中的卫生填埋方式得到诸多城市的青睐，逐渐成为城市生活垃圾的主要处理方式。即便如此，直至90年代末期，由于财政资金投入有限，全国600多个城市中尚有200个城市没有完整的城市生活垃圾处理设施。

三、第三阶段（2000—2013年）

2000年以后，经济增长方式逐渐由粗放型向集约型转变，社会产品越来越丰富。工业现代化持续推进，国内生产总值和居民可支配收入持续增长，居民消费成为经济增长的重要引擎。同时，因生态环境恶化引发的矛盾让全社会重新审视牺牲生态环境换取经济发展的增长方式，政府将科学发展观用于指导人口环境资源工作，开始重视"资源节约型"和"环境友好型"社会建设。由于市场竞争加剧，城市生活节奏越来越快。乐观的经济持续增长预期和信用消费的推广，让人们逐渐接受超前消费的理念。改革开放后，商品房市场的兴起和城镇化推进使得人口流动增加，"熟人社会"逐渐向"陌生人社会"转变，原有的信任体系受到冲击。

此外，网络科技进入普通百姓生活。因网络购物产生的包装垃圾、因技术进步淘汰的电子垃圾和因一次性用品使用产生的塑料垃圾大幅度增加。快节奏的生活使得居民缺少回收时间，日益提升的生活条件使得居民不断增加消费却缺乏回收耐心，逐渐高起的房价使得居民追逐更舒适的居住环境而缺乏回收意愿，复杂多样的产品让居民难以区分垃圾类别。原来的平房社区转变为楼房小区，"陌生人社会"中的信任缺失，使得赠送或接受他人旧衣旧物的情况减少，捡破烂的和收破烂的也都在减少。对于经历过物资匮乏年代的人群来说，勤俭节约的习惯或者还有保留。对于大多数家庭来说，处理生活垃圾的方式变得粗暴而简单——直接混合丢弃。城市人口总数增加，超级大城市不断涌现，城市生活垃圾清运总量快速增长，从2000年的11 819万吨，增加至2013年的17 239万吨。

生活垃圾治理方面，城市垃圾处理投资渠道单一，设施建设、运行和维护资金缺乏，处理设施严重不足，资金长期短缺，以及由此而导致的产业落后和垃圾处理对环境的影响是本阶段关注的重点。

四、第四阶段（2014年至今）

在本阶段，经济发展进入新常态，供给侧结构性改革深入推进，经济结构和区域布局继续优化，由高速增长阶段转向高质量发展阶段，全面建成小康社会，社会产品更加丰富多样。"绿水青山就是金山银山"的绿色发展理念得到认同，"以俭养德"的中华优秀传统文化被广泛弘扬，垃圾分类成为"新时尚"。消费时代"买买买"大行其道的同时，"断舍离"和"极简主义"悄然兴起。经历了多次全民购物狂欢后，理性消费和适度消费开始引起人们的关注。

同时，城市生活垃圾数量继续快速增长，混合丢弃仍然是家庭处理垃圾的主要方式。2019年7月，上海开始强制实施垃圾分类，引起社会广泛关注。同时，各地企事业单位先行推行垃圾分类，让垃圾分类教育走进校园。除了"拾荒者—收购者"这一回收链条，企业开始与居民对接，通过智能设备直接收集可回收垃圾，参与生活垃圾处理。垃圾处理服务的供给模式和治理思路开始转变。长期以来，城市生活垃圾的管理、经费拨付、监督和运营都是一体的，由各级政府领导下的环境卫生部门负责。改革开放后，市场化带来的效率提升已经得到普遍验证，公共服务领域对于经济和效率的需求也促使社会观念和政府职能逐渐改变。

2014年底，政府开始通过和社会资本合作（PPP）的方式向社会提供公共服务。2016年，财政部发布《关于在公共服务领域深入推进政府和社会资本合作工作的通知》（财金〔2016〕90号），将在垃圾处理领域强制推行PPP模式，旨在借助社会资本的管理经验为公众提供更优质的服务。生活垃圾治理思路开始从侧重技术处理向注重系统管理转变，从产业终端处置向前端推移，甚至向生产环节和循环处理环节延伸并覆盖产品的全生命周期。

第二节 政府供给模式下垃圾处理服务管理状况分析

从1949年新中国成立以来的生活垃圾治理实践看，垃圾处理服务领域呈现出管理方式从粗放到精细、管理规则从被动制定到主动规划的蜕变过程。

一、管理方式

80年代以前，生活垃圾管理并不需要消耗政府过多精力和投入。在经过物资回收和农村堆肥处理之后，真正需要环卫部门处置的垃圾数量并不多，种类也简单。这个阶段的垃圾处理服务管理是比较简单的。居民对生活环境的要求并不高，简单的拖车、指定的露天堆放地点，政府再投入少量人力物力即可顺利完成生活垃圾处理且不会遭到居民抗议。

80年代到90年代，堆肥垃圾开始被农户排斥，城市生活垃圾不能再通过农业生产进行消化。面临垃圾数量的不断增加，政府部门直接选择简单粗暴的露天堆放方式处理垃圾。无规划的、无处理的、散乱的垃圾堆放给居民生活环境带来了严重影响。

20世纪90年代，各地开始尝试垃圾卫生填埋，极少数地区开始尝试垃圾焚烧。随之，填埋渗滤液处理、填埋对于环境的影响、填埋场地选择和垃圾焚烧对环境的影响开始受到重视。在这段时间，垃圾终端处理不断发生变化，而垃圾处理前端却平静如昔。在财政吃紧、经费短缺的情况下，虽然前端的收运环节需要占据绝大部分的财政拨款，但是运作方式变化并不明显。

垃圾收集环节还是以环卫工人沿街摇铃收集或者居民定点倾倒散装垃圾的运作方式为主。只有极少数新修楼房开始配备垃圾通道，相应区域采取居民通过垃圾通道投放垃圾，再由环卫工人定期处理的收集方式。深圳是最初使用垃圾袋收集垃圾的城市。这种做法在当时属于创新之举。

垃圾运输环节从最初的人力或者牲畜力车拖运逐渐发展到使用垃圾车拖运。然而，由于经费短缺，很多地区的垃圾车都是用其他种类的车改装而成，只能满足最基本的运输需求，异味、滴漏、逸散等问题不能解决。

城市生活垃圾数量的增加、政府经费的不足、经济增长带来的居民对于卫生环境改善的需求变化、垃圾处理能力和效率的提升困难，诸多的矛盾交织在一起，让生活垃圾治理从单纯的技术问题逐渐转向综合的管理问题。2000年以前，对于城市生活垃圾的关注主要集中于终端处理技术，并根据处理方式的不同而存在阶段性差异。进入2000年后，政府在服务资金补给渠道、服务供给方式、产业升级、政府职能定位和污染防治等方面进行的治理思路逐渐清晰。政府在垃圾收集容器生产设计、垃圾堆放地点选择、垃圾运输工具要求、垃圾终端处置技术发展和垃圾服务人员培训等方面越来越重视，并不断尝试使用科学方法进行决策。即便如此，城市生活垃圾治理的重心集中在终端的状态并未改变。处于产业前端的居民分类行为虽然已经开始重视，但城市生活垃圾不断增加的趋势和垃圾处理方式并没有实质性改变，生态环境形势日益严峻。2014年后，生活垃圾治理开始向全产业链乃至产品循环体系渗透，政府职能定位发生变化，社会资本开始以平等协商的地位参与生活垃圾处理服务供给。

二、管理规则

针对垃圾处理的管理规则是伴随粗放型处理方式对生态环境造成日益严重的损害而产生的。80年代中后期，因垃圾处理而导致的社会矛盾和生态困境越来越明显，政府却难以承受垃圾处理领域所需的投入增加，增加垃圾处理资金成为迫在眉睫的难题。为了缓解垃圾处理资金短缺，1992年，国务院颁布《城市市容和环境卫生管理条例》（中华人民共和国国务院令第101号）［简称《条例》（1992版）］，对城市市容和环境卫生提出了基本要求，并且提出"环境卫生管理应当逐步实行社会化服务"，对于"委托环境卫生专业单位"服务的，应当交纳服务费，对于破坏城市环境卫生的相关违法行为，也可以进行警告、罚款，甚至追究刑事责任。《条例》（1992版）的出台，虽然对于缴纳服务费的相关规定尚不清晰，但已经开始改变城市生活垃圾处理服务由政府全权负责的理念。《条例》（1992版）不仅从财政是城市生活垃圾处理的唯一资金来源转向可以通过收取服务费实现经费补给，拓宽了城市生活垃圾处理的资金来源，还对居民的环境行为提出了要求，从单纯依靠政府终端治理转向需要城市居民和政府共同参与。

1993年，建设部发布的《城市生活垃圾管理办法》［简称《办法》（1993版）］被认为是第一部针对城市生活垃圾管理的全国性法规。

在责任归属方面，明确规定由"省、自治区、直辖市人民政府建设行政主管部门负责本行政区域内城市生活垃圾管理工作。城市人民政府市容环境卫生行政主管部门负责本行政区域内城市生活垃圾的监督管理工作"。

在经费方面，明确规定"城市市容环境卫生行政主管部门对委托其清扫、收集、运输和处理生活垃圾的单位和个人收取服务费，并逐步向居民征收生活垃圾管理费用"。从表述来看，虽然只是以单位和特别委托的个人为主，针对普通居民的收费尚未全面推行，但生活垃圾管理费征收已经是既定事实。对于短缺的城市生活垃圾处理资金来说，这项规定已经算是重大突破。紧随其后，部分城市开始实施垃圾收费制度。昆明在1995年发布《昆明市城镇生活垃圾处理服务费征收管理办法》（昆政复〔1995〕45号），从1996年开始对机关、企业和居民开始收取垃圾处理费。垃圾处理收费制度的实施使得城市生活垃圾处理资金得到了一定程度的补充。但是，环境卫生作为公益事业，经费来源以政府拨款为主的局面并没有得到改变。城市的环境卫生经费大部分用于垃圾清运，难以满足无害化处理的需求。以广州为例，每吨垃圾从收运到处理的花费约150元，其中终端处理不到20元。同期，日本的垃圾处理费用每吨约5万日元（按照当时汇率折算约3 650元）。广州市年环卫投入占财政收入的比例不到0.76%，日本福冈市为6%。到90年代末期，多渠道筹措资金，完善资金保障，加快城市生活垃圾处理服务产业化的呼声不断高涨。

《中华人民共和国固体废物污染环境防治法》（简称《固废法》）于1995年颁布，对垃圾处理、垃圾分类、产品包装和参与强制回收产品及包装物生产销售企业提出了基本要求。

2002年，为了改变现状，推动产业发展，由国家发展计划委员会、财政部、建设部和国家环境保护总局四部门联合发布了《城市生活垃圾处理收费制度促进垃圾处理产业化》（计价格〔2002〕872号），开始全面推行生活垃圾处理收费制度。2004年，建设部发布令第126号《市政公用事业特许经营管理办法》，明确垃圾处理服务可以允许企业通过特许经营参与供给。

2007年，建设部发布令第157号《城市生活垃圾管理办法》〔简称《办法》（2007版）〕，1993年版本相应废止。2007版《办法》与1993版相比，不仅突出了征收垃圾处理费的重要性和义务性，确定"减量化、资源化、无害化"和"谁产生、谁依法负责"的治理原则，还建立特许经营制度，通过环境卫生主管部门监督和社会企业参与推动垃圾处理产业化和运营市场化发展。垃圾处理设施严重不足的状况在逐渐得到改善，根据《城市建设统计年鉴》，市容环卫专用车辆设备总数从2000年的44 846台增加到2013年的126 552台。

在污染防治方面，垃圾分类由《固废法》中的政策引导转变为社会实践，建设部在2000年选择北京、上海、广州、深圳、杭州、南京、厦门和桂林八个城市作为试点，开始推行生活垃圾分类收集。此外，《城市生活垃圾处理及污染防治技术政策》（建城〔2000〕120号）、《生活垃圾处理技术指南》（建城〔2010〕61号）、《生活垃圾堆肥处理工程项目建设标准》（建标〔2010〕147号）、《生活垃圾填埋场封场工程项目建设标准》（建标

〔2010〕146号)、《国务院批转住房城乡建设部等部门关于进一步加强城市生活垃圾处理工作意见的通知》(国发〔2011〕9号)、《国务院办公厅关于印发"十二五"全国城镇生活垃圾无害化处理设施建设规划的通知》(国办发〔2012〕23号)、《生活垃圾卫生填埋技术规范》(建标〔2004〕212号)、《生活垃圾焚烧污染控制标准》和《生活垃圾填埋场污染控制标准》等一系列涉及城市生活垃圾收集、运输到终端处置的管理和技术选择的基本要求的规范性文件陆续出台,生活垃圾治理思路逐渐清晰,管理制度逐渐完善。

即便如此,生活垃圾数量仍然逐年增加,诸多城市饱受"垃圾围城"困扰。生活垃圾处理领域的管理规则制定开始体现出全局性和前瞻性特点,陆续出台了《生产者责任延伸制度推行方案》(国办发〔2016〕99号)、《生活垃圾分类制度实施方案》(国办发〔2017〕26号)、《"无废城市"建设试点工作方案》(国办发〔2018〕128号)、《关于推进资源循环利用基地建设的指导意见》(发改办环资〔2017〕1778号)、《关于在学校推进生活垃圾分类管理工作的通知》(教发厅〔2018〕2号)、《生活垃圾焚烧发电厂自动监测数据应用管理规定》(部令第10号)和《生活垃圾分类标准》等文件。同时,全国46个试点城市开始推行垃圾分类制度,浙江、河南等地开始推动静脉产业园的建设和发展。

综上所述,与生活垃圾处理相关的管理规则呈逐渐完善趋势。纵向来看,原材料进入生产环节被生产成商品,在消费环节被居民消耗后的残余则变成垃圾,垃圾中可回收部分可利用循环系统再次回到生产环节,不可回收部分则进入终端处置。生活垃圾的相关管理规则按照物资循环过程从单纯涉及垃圾处理收运处置环节向产品生产、产品消费、垃圾收运、垃圾处置和垃圾回收全产业链延伸。横向来看,不仅与生活垃圾处理相关的管理制度逐渐从简单的垃圾收运向服务技术要求细节延伸,与垃圾处理相关的产品生产、产品消费、垃圾收运、垃圾处置和垃圾回收各环节的技术要求都在逐渐完善并随技术进步和社会经济发展而不断调整。

第三节　政府供给模式下垃圾处理服务绩效要求演变

在政府供给模式下,中央政府对垃圾处理服务的绩效要求作出基本限定后，地方政府可在中央政府规制指导之下结合区域特点完善补充，从而形成地方垃圾处理服务绩效考核的主要内容。所以，可通过分析中央政府制定的主要管理文件和地方实施垃圾处理服务管理规则来把握垃圾处理服务绩效要求变化路径。

一、中央政府对垃圾处理服务绩效要求变化

1992年，国务院颁布了《城市市容和环境卫生管理条例》（国务院令第101号），对城市市容和环境卫生管理作出了基本规范。其中，与垃圾处理服务绩效相关的规定如表4.1所示。

表4.1　《城市市容和环境卫生管理条例》（1992版）中垃圾处理服务相关规定

项　目	内　容
环境卫生设施	设施标准,设施修建,设施拆除,设施管理(第十八条至第二十二条)
垃圾处理服务	对垃圾、粪便及时清运,逐步做到无害化处理和综合运用,逐步做到分类收集、运输和处理(第二十八条)

1993年，建设部发布的《城市生活垃圾管理办法》[简称《管理办法》（1993版）]，标志具有针对性的垃圾处理服务绩效管理思路开始形成，与垃圾处理服务绩效相关的规定如表4.2所示。

表4.2　《城市生活垃圾管理办法》（1993版）中垃圾处理服务绩效相关规定

项　目	内　容
垃圾处理场所	按照国家法律法规的规定和标准进行规划、建设和管理(第六条)
垃圾处理设施	符合《城市环境卫生设施设置标准》(第八条),保持完好,外观和周围环境应当整洁(第十二条)
垃圾运输	生活垃圾运往指定生活垃圾转运站、处理场,不得任意倾倒(第十一条)。生活垃圾运输车必须密闭化,保持整洁、卫生和完好状态。城市生活垃圾在运输途中,不得扬、撒、遗漏(第十三条)
员工保护	改善环卫职工的工作条件,减轻劳动强度,逐步提高环卫职工工资和福利待遇,对环卫职工做好卫生保健工作和技术培训工作(第十五条)
惩罚	将有害废弃物混入生活垃圾中;不按当地规定地点、时间和其他要求任意倾倒垃圾的。随意拆除、损坏垃圾收集容器、处理设施的;垃圾运输车辆不加封闭,沿途扬、撒、遗漏(第十八条)

伴随社会经济发展和管理实践的丰富，与生活垃圾处理相关的技术标准逐渐完善，在政府直接提供垃圾处理服务的基础上，开始出现了许可经营的模式。为了应对新环境下的新问题，建设部于2007年发布了新的《城市生活垃圾管理办法》[简称《管理办法》（2007版）]。其中，与垃圾处理服务绩效相关的规定如表4.3。

表4.3　《城市生活垃圾管理办法》（2007版）中垃圾处理服务绩效相关规定

项　　目		内　　容
治理原则		减量化、资源化、无害化和谁生产、谁依法负责(第三条)
收集处置设施		广泛征集公众意见,制定城市生活垃圾治理规划(第七条)。不得擅自占用或改变其用途(第八条)。符合治理规划和国家有关技术标准(第九条)。工程建设的勘察、设计、施工和监理,应当严格执行国家有关法律、法规和技术标准(第十一条)。验收合格后才可交付使用(第十二条)。未经核准并采取措施防止污染环境,不得擅自关闭、闲置或拆除(第十三条)
垃圾清扫、收集和运输	基本要求	禁止随意倾倒、抛洒或堆放城市生活垃圾(第十六条)。从事城市生活垃圾经营性清扫、收集、运输的企业应当取得相应服务许可证(第十七条)。工业固体废弃物、危险废物应单独收集运输,禁止混入城市生活垃圾(第二十二条)
	企业资质要求	注册资本;机械清扫能力;收集运输工具要求;技术、质量、安全和监测管理制度;道路运输经营许可证、车辆行驶证;办公场所和设备停放场所(第十九条)
	企业绩效要求	按照环境卫生作业标准和作业规范,在规定的时间内及时清扫、收运城市生活垃圾;将收集的城市生活垃圾运到环境卫生主管部门认可的处理场所;清扫、收运城市生活垃圾后,对生活垃圾收集设施及时保洁、复位,清扫作业场地,保持生活垃圾收集设施和周边环境的干净整洁;用于收集、运输城市生活垃圾的车辆、船舶应当做到密闭、完好和整洁(第二十条)。禁止任意倾倒、抛洒或堆放城市生活垃圾;禁止擅自停业、歇业;禁止运输过程中沿途丢弃、遗撒生活垃圾(第二十一条)

项　目		内　容
垃圾处置	基本要求	技术、设备、材料应当符合国家有关要求,防止对环境造成污染(第二十四条);未取得城市生活垃圾经营性处置服务许可证,不得从事经营性处置活动
	企业资质要求	注册资本;选址规划;技术工艺标准;技术人员要求;管理制度设置和执行;环境监测设施;生活垃圾渗沥液、沼气利用和处理技术方案;垃圾填埋方案、残余物达标处理排放方案;控制污染和突然事件预案(第二十七条)
	企业绩效要求	严格按照有关规定和技术标准处置垃圾;按照规定处理污水、废气、废渣、粉尘等,防止二次污染;按照规定时间和要求接收生活垃圾;配备相应设备设施并保证运转良好;保证处置站、场(厂)环境整洁;配备合格管理人员及操作人员;生活垃圾计量并报送环境卫生主管部门;定期进行水、气、土壤等环境影响检测,检测评价生活垃圾处理设施性能和环保指标,向环境卫生主管部门报告(第二十八条)。停业歇业提前半年报告(第三十五条)
职工保护		按照国家劳动保护要求和规定,改善职工工作条件,逐步提高职工工资和福利待遇,做好职工的卫生保健和技术培训工作(第三十七条)

综上可知,早期的生活垃圾绩效管理注重生活垃圾的及时清运,并以无害化处理、综合运用、分类收运处理为产业发展方向。在生活垃圾及时清运的基础上,垃圾处理服务的绩效管理后期逐渐衍生出对垃圾处理设施整洁完好以及垃圾清运过程中车辆密闭性和扬撒遗漏等相关要求。对于垃圾分类处理,初步具体到"不得将有害废弃物混入生活垃圾"。考虑到垃圾处理服务从业人员的结构状况,绩效指标制定时开始重视员工工作条件、福利待遇和技术能力的改善及提升。同时,"减量化、资源化、无害化"和"谁生产、谁依法负责"的生活垃圾治理思路更加清晰。无论是政府供给还是许可经营,在坚持垃圾处理服务效果、垃圾处理设施、垃圾清运车辆和员工保护的宗旨的基础上,不仅开始重视公众对垃圾处理服务的态度和意见,伴随技术水平的提升,还对清扫能力、运输标准、监控管理和污染防治等方面提出了更具体的要求。

二、地方政府对垃圾处理服务绩效要求变化

各地方政府制定的垃圾处理服务管理规则都是在不违背中央政府主旨的基础上结合区域特点进行补充而形成的，因为各地经济社会环境状况存在差异而导致相应的垃圾处理服务管理规制细则亦有差别，考虑到地方政府在公共服务管理方面存在相互学习借鉴的可能，也可通过研究某个地方政府对垃圾处理服务绩效的要求变化来观察这种变化趋势。考虑到2017年以来上海市政府在推行垃圾分类方面的突出表现，现选择上海市为例对地方政府在垃圾处理服务绩效方面的要求进行分析。

上海市政府于1988年颁布《上海市环境卫生管理条例》（1989年5月1日生效，简称《条例》），与垃圾处理服务绩效相关规定如表4.4所示。

表4.4　《上海市环境卫生管理条例》（1989版）中垃圾处理服务绩效相关规定

项　目	内　容
服务绩效要求	公共卫生设施清洁完好,垃圾日产日清,注重灭蝇,防止污染(第十六条)。各类车辆上清除的垃圾应导入相应容器,垃圾装卸运输不得泄漏散落(第十八条)

为了进一步贯彻《上海市环境卫生管理条例》（1989版），上海市政府出台了《上海市环境卫生管理条例实施细则》对相关要求进行细化，详情如表4.5所示。

表4.5　《上海市环境卫生管理条例实施细则》（1989版）中车辆运输和服务绩效相关规定

项　目	内　容
车辆运输要求	防滴漏;防散落、拖挂;防飞扬;防杂物洒漏(第十五条)
服务绩效要求	人行道清洁,墙脚清洁,树干周围地坪清洁;无痰迹,无粪便污水,无瓜皮果壳纸屑,无砂石等废弃物;垃圾容器完好,外体清洁(第二十一条)。树枝、杂草、渣土等废弃物,作业单位应在二十四小时内清除完毕(第二十六条)

2002年，上海市开始实施《上海市市容环境卫生管理条例》，同时《上海市环境卫生管理条例》废止。《上海市市容环境卫生管理条例》中与垃圾处理服务绩效相关的规定如表4.6所示。

表 4.6　《上海市市容环境卫生管理条例》中垃圾处理服务绩效相关规定

项　目	内　容
基本绩效要求	保持市容整洁,无乱设摊、乱搭建、乱张贴、乱涂写、乱刻画、乱吊挂、乱堆放等行为;保持环境卫生整洁,无暴露垃圾、粪便、污水,无污迹,无渣土,无蚊蝇孳生地;按照规定设置环境卫生设施,并保持其整洁、完好(第十三条)。保持公共厕所、垃圾转运站及其他环境卫生公共设施的市容和环境卫生(第十五条)。运输垃圾、粪便的车船应当采取密闭或者覆盖措施,不得泄漏、散落或者飞扬(第二十七条)。城市公共绿地应当保持整洁、美观,养护单位应当及时清除绿地内的垃圾杂物(第三十二条)。市容环境卫生管理部门应当按照方便居民的原则,规定生活垃圾和粪便投放、倾倒的时间、地点和方式(第四十六条)。任何单位和个人不得擅自拆除、迁移、封闭环境卫生设施(第五十六条)
市场化服务要求	作业服务企业承接的作业服务项目不得转包(第四十八条)。从事市容环境卫生作业服务,应当遵循市容环境卫生作业服务规范,达到城市容貌标准和城市环境卫生质量标准,做到文明、清洁、卫生、及时。道路和公共场所的清扫、保洁,应当在规定的时间进行,减少对道路交通和市民休息的影响,减少对环境的污染。垃圾应当及时清除(第四十九条)

2019 年,上海市又发布了《上海市生活垃圾管理条例》。其中,与垃圾处理服务绩效相关的规定如表 4.7 所示。

表 4.7　《上海市生活垃圾管理条例》中垃圾处理服务绩效相关规定

项　目	内　容
治理原则	以减量化、资源化、无害化为目标,建立健全生活垃圾分类投放、分类收集、分类运输、分类处置的全程分类体系,积极推进生活垃圾源头减量和资源循环利用。遵循政府推动、全民参与、市场运作、城乡统筹、系统推进、循序渐进的原则(第三条)
绩效要求	对可回收物、有害垃圾实行定期或者预约收集、运输;对湿垃圾实行每日定时收集、运输;对干垃圾实行定期收集、运输(第二十九条)。 收集、运输单位应当执行行业规范和操作规范,并遵守下列规定:(一)使用专用车辆、船舶分类运输生活垃圾;专用车辆、船舶应当清晰标示所运输生活垃圾的类别,实行密闭运输,并安装在线监测系统。(二)不得将已分类投放的生活垃圾混合收集、运输,不得将危险废物、工业固体废物、建筑垃圾等混入生活垃圾。(三)按照要求将需要转运的生活垃圾运输至符合条件的转运场所(第三十一条)。

项　目	内　容
绩效要求	转运设施的设置应当符合环保要求和技术规范,并按照规定办理环保等有关审批手续。生活垃圾转运产生的渗滤液,应当按照国家和本市水污染物排放标准处理后排放(第三十二条)。 有害垃圾采用高温处理、化学分解等方式进行无害化处置;湿垃圾采用生化处理、产沼、堆肥等方式进行资源化利用或者无害化处置;干垃圾采用焚烧等方式进行无害化处置(第三十三条)。 处置单位应当执行行业规范和操作规范,并遵守下列规定:保持生活垃圾处置设施、设备正常运行,对接收的生活垃圾及时进行处置;按照技术标准分类处置生活垃圾,不得将已分类的生活垃圾混合处置;对废水、废气、废渣、噪声以及周边土壤污染等进行处理,并按照规定进行环境修复;定期向绿化市容部门报送接收、处置生活垃圾的来源、数量、类别等信息(第三十四条)。 本市大型生活垃圾处理设施运营单位应当设立公众开放日,接待社会公众参观(第四十七条)

综上所述,上海市垃圾处理服务绩效管理在早期主要关注运输车辆的遗漏抛洒、服务区域的垃圾清运效果和服务时间;后来,绩效管理对生活垃圾运输车辆要求提升至密闭覆盖,并从服务区域的清洁卫生开始向卫生设施和转运站的环境卫生效果延伸,在垃圾收集环节开始考虑居民垃圾投放的便利性,并对收集时间、地点等作出要求。目前,在前期要求的基础上,从垃圾收集、运输到终端处置,上海市垃圾处理服务绩效管理中都融入了垃圾分类的相关要求,对运输车辆的监控管理更加严格。同时,开始对垃圾处理服务中的公众参与制定规则,要求"大型生活垃圾处理设施运营单位应当设立公众开放日,接待社会公众参观"。

小　结

本章主要针对政府供给模式下垃圾处理服务绩效指标演变路径进行分析。首先对1949—1979年、1980—1999年、2000—2013年和2014年至今四个阶段的生活垃圾治理历程进行回顾分析,然后从管理方式和管理规则两个维度分析政府供给模式下垃圾处理服务管理状况,最后从中央政府和地方政府两个维度讨论政府供给模式下垃圾处理服务绩效要求演变。根据上述分析，政府供给模式下垃圾处理服务绩效要求一直集中在垃圾处理的环境效果方面，虽然也会伴随社会经济的发展对其内涵进行丰富细化，却从未偏离这一主导路径，假设1得到验证。

第五章 PPP模式对垃圾处理服务绩效指标制定的影响

本章主要针对"假设2：PPP模式引入会改变垃圾处理服务绩效指标体系"进行验证。在政府供给模式下，无论是对于中央政府还是地方政府，服务供给环境效果都是垃圾处理服务绩效指标制定时重点关注的对象。政府作为公共服务的直接责任人，在服务供给过程中普遍需要考虑的财政资金使用效率、生态环境保护、危机应急管理和公众利益维护等社会责任要求并不会直接形成具体条款，而是作为潜在的基本要求贯彻在所有的政府行为中。然而，当公共服务采取PPP模式由社会资本直接向公众提供时，政企双方签署的合约成为服务供给和费用支付的主要依据。社会资本在绩效指标的指导下提供相应服务，对于未曾写入绩效合同的要求，社会资本拥有不履行的权利，且不会因此而导致收入降低。如果延续政府供给模式下的绩效指标制定方式，仅将显性服务要求写入政企双方签署的绩效合约而忽略服务供给中的隐性要求，则可能导致由政府自发承担的责任在PPP模式下因忽略而缺失，最终导致公众利益受损。

自2014年PPP模式推广以来，政府一直很重视绩效指标对服务效果的引导作用，并在2020年发布《政府和社会资本合作（PPP）项目绩效管理操作指引》（财金〔2020〕13号）（简称《绩效管理操作指引》），试图为规范PPP项目绩效管理提供基本指导思路。所以，本章将以《绩效管理操作指引》为基础，对照目前已经进入实施阶段的部分垃圾处理PPP项目绩效指标制定案例，分析PPP模式对垃圾处理服务绩效指标体系构建的影响。

第一节 PPP项目绩效考核指标体系制定要求

为了规范政府和社会资本合作（PPP）项目全生命周期绩效管理工作，

提高公共服务供给质量和效率，保障合作各方合法权益，结合2014年以来各地PPP项目合作实践经验，财政部于2020年发布《绩效管理操作指引》，首次对PPP项目在全生命周期开展的绩效目标和绩效管理、绩效监控、绩效评价及结果运用等进行全面梳理并给予操作建议。据此可以推断，未来各地PPP项目都会结合区域特点和行业特征，以《绩效管理操作指引》基本思想为指导制定合理的绩效考核指标体系。由于绩效指标体系构建均需以相应的绩效目标实现为根本目的，所以绩效目标对绩效指标体系构建起着主导作用。本部分将以《绩效管理操作指引》中的PPP项目绩效目标编制要求和PPP项目绩效指标体系构成为基础，结合行业特征分析城市生活垃圾处理PPP项目绩效考核指标体系制定的基本要求。

一、PPP项目绩效目标编制要求

根据《绩效管理操作指引》，PPP项目绩效目标编制应符合以下要求：

（1）指向明确。绩效目标应符合区域经济、社会与行业发展规划，与当地财政收支状况相适应，以结果为导向，反映项目应当提供的公共服务，体现环境—社会—公司治理责任（ESG理念）。

（2）细化量化。绩效目标应从产出、效果、管理等方面进行细化，尽量进行定量表述；不能以量化形式表述的，可采用定性表述，但应具有可衡量性。

（3）合理可行。绩效目标应经过调查研究和科学论证，符合客观实际，既具有前瞻性，又具有可实现性。

（4）物有所值。绩效目标应符合物有所值的理念，体现成本效益的要求。

二、PPP项目绩效指标体系构成

PPP项目绩效指标体系由绩效指标、指标解释、指标权重、数据来源、评价标准与评分方法构成。

指标权重是指标在评价体系中的相对重要程度。确定指标权重的方法通常包括专家调查法、层次分析法、主成分分析法、熵值法等。

数据来源是在具体指标评价过程中获得可靠和真实数据或信息的载体

或途径。获取数据的方法通常包括案卷研究、资料收集与数据填报、实地调研、座谈会、问卷调查等。

评价标准是指衡量绩效目标完成程度的尺度。绩效评价标准具体包括计划标准、行业标准、历史标准或其他经相关主管部门确认的标准。

评分方法是结合指标权重衡量实际绩效值与评价标准值偏离程度，并对不同的等级赋予不同分值的方法。

在项目采购阶段，项目实施机构可结合社会资本响应及合同谈判情况对绩效指标体系中非实质性内容进行合理调整。经过实施机构和社会资本协商确定的指标体系应在项目合同中予以明确。进入项目执行阶段后，绩效指标体系原则上不予调整。但是因项目实施内容、相关政策、行业标准发生变化或突发事件、不可抗力等无法预见的重大变化影响绩效目标实现而确需调整的，由项目实施机构和项目公司（社会资本）协商确定，经财政部门及相关主管部门审核通过后报本级人民政府批准。

三、PPP项目绩效评价共性指标框架

《绩效管理操作指引》中制定了PPP项目在建设期和运营期的绩效评价共性指标参考框架。应每个阶段都实践中，分别针对项目公司（社会资本）和项目实施机构制定绩效指标框架。虽然本书主要针对社会资本讨论垃圾处理PPP项目绩效指标制定，考虑到针对项目实施机构的绩效指标要求在一定程度上也能反映出垃圾处理PPP项目运营中需要实现的部门目标，本部分在讨论绩效评价共性指标框架时也会展示针对项目实施机构的指标。

建设期绩效评价主要针对项目公司（社会资本）和项目实施机构设定。项目公司（社会资本）的绩效评价指标体系由3个一级指标组成，分别是产出、效果和管理。其中，"产出"对应的二级指标只有"竣工验收"，关注评价项目的竣工验收及竣工验收情况。"效果"对应的二级指标有4项，分别是社会影响、生态影响、可持续性和满意度。社会影响主要指项目建设活动对社会发展所带来的直接或间接的正负面影响，如新增就业、社会荣誉、重大诉讼、公众舆情与群体性事件等。生态影响用于评价项目建设期间对生态环境所带来的直接或间接的正负面影响。可持续性用于评价项目公司或社会资本是否做好项目运营准备工作。满意度指政府相关部门、项

目实施机构、社会公众对项目公司或社会资本建设期间相关工作的满意程度。"管理"对应的二级指标有4项，分别是组织管理、资金管理、档案管理和信息公开。组织管理用于评价项目公司组织架构是否健全、人员配置是否合理、能否满足项目日常运作需求等。资金管理用于评价社会资本项目资本金及项目公司融资资金的到位率和及时性。档案管理用于评价项目建设相关资料的完整性、真实性以及归集整理的及时性。信息公开用于评价项目公司或社会资本履行信息公开义务的及时性与准确性。

项目实施机构绩效评价指标体系由3项一级指标组成，分别是产出、效果和管理。其中，"产出"包括履约情况和成本控制2个二级指标。履约情况用于评价项目实施机构是否及时、有效履行PPP项目合同约定的义务。成本控制用于评价项目实施机构履行项目建设成本监督管理责任的情况。"效果"包括满意度和可持续性2个二级指标。满意度指社会公众、项目公司或社会资本对项目实施机构工作开展的满意程度。可持续性用于评价项目实施机构是否为项目可持续性建立有效的工作保障和沟通协调机制。"管理"包括前期工作、资金管理、监督管理和信息公开4个二级指标。前期工作用于评价项目实施机构应承担的项目前期手续及各项工作的落实情况。资金管理用于评价项目实施机构股权投入、配套投入等到位率和及时性。监督管理用于评价项目实施机构是否按照PPP项目合同约定履行监督管理职能，如质量监督、财务监督及日常管理等。信息公开用于评价项目实施机构是否按照信息公开相关要求及时、准确公开信息。具体内容如表5.1所示。

表5.1　PPP项目绩效评价共性指标框架（参考）——建设期

	一级指标	二级指标	指标解释
项目公司（社会资本）绩效评价（100分）	产出	竣工验收	评价项目是否通过竣工验收及竣工验收情况
	效果	社会影响	评价项目建设活动对社会发展所带来的直接或间接的正负面影响,如新增就业、社会荣誉、重大诉讼、公众舆情与群体性事件等
		生态影响	评价项目建设期间对生态环境所带来的直接或间接的正负面影响,如节能减排、环保处罚等
		可持续性	评价项目公司或社会资本是否做好项目运营准备工作,如资源配置、潜在风险及沟通协调机制等

	一级指标	二级指标	指标解释
项目公司（社会资本）绩效评价（100分）	效果	满意度	政府相关部门、项目实施机构、社会公众（服务对象）对项目公司或社会资本建设期间相关工作的满意程度
	管理	组织管理	评价项目公司组织架构是否健全、人员配置是否合理，能否满足项目日常运作需求
		资金管理	评价社会资本项目资本金及项目公司融资资金的到位率和及时性
		档案管理	评价项目建设相关资料的完整性、真实性以及归集整理的及时性
		信息公开	评价项目公司或社会资本履行信息公开义务的及时性与准确性
项目实施机构绩效评价（100分）	产出	履约情况	评价项目实施机构是否及时、有效履行PPP项目合同约定的义务
		成本控制	评价项目实施机构履行项目建设成本监督管理责任的情况（注：PPP项目合同对建设成本进行固定总价约定的不适用本指标）
	效果	满意度	社会公众、项目公司或社会资本对项目实施机构工作开展的满意程度
		可持续性	评价项目实施机构是否为项目可持续性建立有效的工作保障和沟通协调机制
	管理	前期工作	评价项目实施机构应承担的项目前期手续及各项工作的落实情况
		资金（资产）管理	评价项目实施机构股权投入、配套投入等到位率和及时性
		监督管理	评价项目实施机构是否按照PPP项目合同约定履行监督管理职能，如质量监督、财务监督及日常管理等
		信息公开	评价项目实施机构是否按照信息公开相关要求及时、准确公开信息

注：应根据项目行业特点与实际情况等，适当调整二级指标，细化形成三级指标。

　　运营期绩效评价指标同样针对项目公司和项目实施机构构建，而且针对项目公司和项目实施机构设置的一级绩效评价指标和建设期相同，具体考核内容则根据运营期的实际业务进行调整。针对项目公司的绩效评价指标，"产出"包括项目运营、项目维护、成本效应和安全保障4个二级指标。项目运营用于评价项目运营的数量、质量与时效等目标完成情况。项目维护用于评价项目设施设备等相关资产维护的数量、质量与时效等目标完成情况。成本效益用于评价项目运营维护的成本情况。安全保障用于评价项目公司在提供公共服务过程中的安全保障情况。"效果"包括经济影响、生态影响、社会影响、可持续性和满意度等5个二级指标。经济影响用于评价项目实施对经济发展所带来的直接或间接的正负面影响。生态影响用于评价项目实施对生态环境所带来的直接或间接的正负面影响。社会影响用于评价项目实施对社会发展所带来的直接或间接的正负面影响。可持续性用于评价项目在发展、运行管理及财务状况等方面的可持续性。满意度是用于政府相关部门、项目实施机构、社会公众对项目公司或社会资本提供公共服务质量和效率的满意程度。"管理"包括组织管理、财务管理、制度管理、档案管理和信息公开5个二级指标。组织管理用于评价项目运营管理实施及组织保障等情况。财务管理用于评价项目资金管理、会计核算等财务管理内容的合规性。制度管理用于评价内控制度的健全程度及执行效率。档案管理用于评价项目运营、维护等相关资料的完整性、真实性及归集整理的及时性。信息公开用于评价项目公司或社会资本履行信息公开义务的及时性与准确性。

　　针对项目实施机构的绩效评价指标，"产出"包括按效付费和其他履约情况2个二级指标。按效付费用于评价项目实施机构是否及时、充分按照PPP项目合同约定履行按效付费义务。其他履约情况用于评价项目实施机构是否及时、有效履行PPP项目合同约定的其他义务。"效果"包括满意度、可持续性和物有所值3个二级指标。满意度指社会公众、项目公司或社会资本对项目实施机构工作开展的满意程度。可持续性用于评价项目实施机构是否为项目可持续性建立有效的工作保障和沟通协调机制。物有所值用于评价物有所值的实现程度。"管理"包括预算编制、绩效目标与指标、监督管理和信息公开4个二级指标。预算编制用于评价项目实施机构是否及时、准确将PPP项目支出责任纳入年度预算。绩效目标与指标用于评价项目实施机构是否编制合理、明确的年度绩效目标和绩效指标。监督管理用于评价项目实施机构是否按照PPP项目合同约定履行监督管理职能。信息公开用于评价项目实施机构是否按照信息公开相关要求及时、准确公开信息。

　　由此可知，《绩效管理操作指引》虽未明确绩效评估实施机构，但是其绩效指标体系的构建主要从第三方的角度出发，根据政府和社会资本在项目实施过程中的绩效表现进行公正客观全面的评价。这种评价方式虽然有助于项目物有所值评估价值的实现，却与项目实施过程中按效付费的操作过程存在偏差。按效付费是指政府或者消费者根据社会资本在PPP项目中的服务绩效支付服务费用，其绩效考察对象主要针对社会资本。本书所讨论的绩效指标体系构建与按效付费思路相同，仅对社会资本的服务绩效做出要求。即便如此，《绩效管理操作指引》是实施PPP模式以来政府对项目管理绩效的首次全面阐述，其绩效目标编制要求和体系构建思想都值得借鉴。具体内容如表5.2所示。

表5.2　PPP项目绩效评价共性指标框架（参考）——运营期

	一级指标	二级指标	指标解释	说　明
项目公司（社会资本）绩效评价（100分）	产出	项目运营	评价项目运营的数量、质量与时效等目标完成情况,如完成率、达标率与及时性等	1.原则上项目公司绩效评价不低于80分才可全额付费;
		项目维护	评价项目设施设备等相关资产维护的数量、质量与时效等目标完成情况,如设施设备维护频次、完好率与维护及时性等	
		成本效益	评价项目运营维护的成本情况,如成本构成合理性、实际成本与计划成本对比情况、成本节约率、投入产出比等(注:PPP项目合同中未对运营维护成本控制进行约定的项目适用本指标)	
		安全保障	评价项目公司(社会资本)在提供公共服务过程中的安全保障情况,如重大事故发生率、安全生产率、应急处理情况等	
	效果	经济影响	评价项目实施对经济发展所带来的直接或间接的正负面影响,如对产业带动及区域经济的影响等	
		生态影响	评价项目实施对生态环境所带来的直接或间接的正负面影响,如节能减排、环保处罚等	
		社会影响	评价项目实施对社会发展所带来的直接或间接的正负面影响,如新增就业、社会荣誉、重大诉讼、公众舆情与群体性事件等	

续　表

	一级指标	二级指标	指标解释	说　明
项目公司（社会资本）绩效评价（100分）	效果	可持续性	评价项目在发展、运行管理及财务状况等方面的可持续性情况	2."产出"指标应作为按效付费的核心指标,指标权重不低于总权重的80%,其中"项目运营"与"项目维护"指标不低于总权重的60%
		满意度	政府相关部门、项目实施机构、社会公众（服务对象）对项目公司或社会资本提供公共服务质量和效率的满意程度	
	管理	组织管理	评价项目运营管理实施及组织保障等情况,如组织架构、人员管理及决策审批流程等	
		财务管理	评价项目资金管理、会计核算等财务管理内容的合规性	
		制度管理	评价内控制度的健全程度及执行效率	
		档案管理	评价项目运营、维护等相关资料的完整性、真实性以及归集整理的及时性	
		信息公开	评价项目公司或社会资本履行信息公开义务的及时性与准确性	
项目实施机构绩效评价（100分）	产出	按效付费	评价项目实施机构是否及时、充分按照PPP项目合同约定履行按效付费义务	"物有所值"指标可结合中期评估等工作定期开展
		其他履约情况	评价项目实施机构是否及时、有效履行PPP项目合同约定的其他义务	
	效果	满意度	社会公众、项目公司或社会资本对项目实施机构工作开展的满意程度	
		可持续性	评价项目实施机构是否为项目可持续性建立有效的工作保障和沟通协调机制	
		物有所值	评价项目物有所值的实现程度	
	管理	预算编制	评价项目实施机构是否及时、准确将PPP项目支出责任纳入年度预算	
		绩效目标与指标	评价项目实施机构是否编制合理、明确的年度绩效目标和绩效指标	
		监督管理	评价项目实施机构是否按照PPP项目合同约定履行监督管理职能,如质量监督、财务监督及日常管理等	
		信息公开	评价项目实施机构是否按照信息公开相关要求及时、准确公开信息	

注：应根据项目行业特点与实际情况等，适当调整二级指标，细化形成三级指标。

第二节 垃圾处理PPP项目绩效指标构建案例分析

为了进一步讨论垃圾处理PPP项目绩效指标体系构建思路，本节借助财政部政府和社会资本合作中心PPP项目信息管理平台，对进入实施阶段的部分城市生活垃圾处理PPP项目绩效考核指标进行分析。

城市生活垃圾处理服务具有显著的地域性特征，不同地域的气候条件、居民生活习惯、区域营商环境和终端处置方式等都会对城市生活垃圾处理产生影响。为了避免单一区域单一类别PPP项目绩效指标分析可能结论片面化，本部分从区域和终端处置两个维度对城市生活垃圾处理PPP项目进行考虑，区域维度上覆盖东、西部和南、北方，终端处置维度上涉及清扫填埋类和焚烧类两种方式，以浙江省衢州市开化县城乡生活垃圾收集清运项目、江西省九江市湖口县城乡生活垃圾第三方治理PPP项目、贵州省安龙县城乡生活垃圾收运一体化及清扫保洁PPP项目、河北省唐山市乐亭县固废综合处理厂生活垃圾焚烧发电PPP项目和广东省揭阳市绿源垃圾综合处理与资源利用厂项目为例，根据其项目合同中对绩效考核的相关约定分析其绩效指标考核细则。

一、浙江省衢州市开化县城乡生活垃圾收集清运项目

（1）项目基本信息。

浙江省衢州市开化县城乡生活垃圾收集清运项目（简称"开化收运"）由开化县住房和城乡建设局负责实施，经过竞争性磋商程序，最终选择浙江宝成机械科技有限公司作为项目的社会资本方，并于2018年12月签订合约，项目合作期16年，其中建设期1年，运营期15年。项目总投资3 383.75万元，采取政府付费机制，实施TOT+BOT运作模式。一期政府已投资设备部分采用TOT模式，一期新建收集点和中转站所有环卫设备，整个城乡清运系统的智慧环卫建设均采用BOT模式。所有资产由社会资本方组建的项目公司在经营权限内负责维护、运营，合作期满后根据合同规定将项目设施完好无损移交给开化县住房和城乡建设局。

（2）项目绩效考核指标体系。

项目合同中对产出和垃圾清运提出了基本要求，并针对建设期和运营期的考核制定了详细的考核指标。

项目产出要求：确保垃圾收集点建设符合《环境卫生设施设置标准》（CJJ27-2012）；确保中转站建设、运行和维护都能符合《生活垃圾转运站技术规范》（CJJ/T47 -2016）标准。如果在PPP项目实施中标准调整，则按照调整后的新标准执行。

垃圾清运要求：垃圾清运及时，车走地净；车容整洁，标志清晰，密闭安全运输，无抛洒滴漏现象，按规定运至指定中转站或处置场，确保垃圾清运过程达到"全封闭、压缩化、高效率、数字化"的要求。

建设期绩效考核指标包含4个方面（共100分），分别是工程质量安全（30分）、工程投资（20分）、工程进度（20分）和工程安全（30分）。具体内容如表5.3所示。建设期的考核根据竣工验收考核结果，对应付给项目公司的垃圾清运服务费单价进行核定。考核评分大于或等于90分，垃圾清运服务费单价不予核减；考核评分在80—90分，垃圾清运服务费单价核减3%；考核评分在80分以下的，垃圾清运服务费单价核减5%。考核评分低于80分的，未达标项可整改并经整改后达标的，垃圾清运服务费单价按核减5%计算；未达标的项如果属于重大安全事故或可整改但项目公司未整改或整改未达标的，实施机构有权解除项目合同。

表5.3　项目建设期绩效考核指标（开化收运）

一级指标	二级指标	考核要求及扣分说明
工程质量安全（30分）	日常质量管理制度及落实（10分）	结合省、市建设、质监部门的日常质量检查结果综合评定，每有一项违反规定的扣1分
	质量事故（20分）	每发生一起一般质量事故，扣3分；发生一起严重质量事故，扣5分；发生重大质量事故，扣10分
工程投资（20分）		项目实际投资是否符合项目报价投资水平，投资总额比投资报价每增加1%，扣2分
工程进度（20分）		工程是否符合工程进度要求，以项目投入试运行时间作为里程碑节点，每推迟一个月扣5分

一级指标	二级指标	考核要求及扣分说明
工程安全（30分）	日常安全管理制度及落实(10分)	结合省、市建设、质监等部门的日常安全检查结果综合评定,每有一项违反规定的扣1分
	安全事故(20分)	每发生一起一般责任事故,扣5分;每发生一起较大责任事故,扣10分;发生重大责任事故及特别重大责任事故的,扣20分

运营期的考核总共设置一级考核指标7项,分别是垃圾清运标准（20分）、垃圾中转站管理（10分）、车容车貌（15分）、安全文明清运（35分）、应急情况处理（5分）、巡查走访管理（10分）、社会监督管理（5分）。"垃圾清运标准"设置垃圾计量管理、线路备案管理、清运频次和清运延时等4个二级指标。"车容车貌"设置车辆电子识别、车辆标识和车辆容貌3个二级指标。"安全文明清运"设置收集容器管理、接驳场地管理、安全作业、安全事故、信息公告管理5个二级指标。"巡查走访管理"设置巡查督查、走访听取意见2个二级指标。具体内容如表5.4所示。

表5.4　项目运营期绩效考核指标（开化收运）

一级指标	二级指标	考核要求	扣分说明
垃圾清运标准(20分)	垃圾计量管理(5分)	对运输垃圾量称重计量,各项数据、信息应详细记录存档,并与监管方系统进行联网,确保称重数据传输正常	未准确计量,影响清运处置费结算的,每车次扣1分
	线路备案管理(5分)	清洁直运应根据行业标准要求,合理确定清洁直运线路,明确清运时间、频次、作业点和班次,报属地市容主管部门同意后实施	清洁直运线路未报备给属地城管部门、市城管部门的,每发生一次扣1分
	清运频次（5分）	每个垃圾收集点每日按照规定的清运频次收运垃圾,确保垃圾日产日清	垃圾清运频次未达到规定要求的,每个点扣0.5分
	清运延时（5分）	按公布时间准时收运垃圾,收集点垃圾不满溢、不落地	未在规定时间内完成垃圾收运的,且延时超过2个小时以上未向主管部门报备的,每车次扣0.5分

一级指标	二级指标	考核要求	扣分说明
垃圾中转站管理（10分）	垃圾中转站（10分）	垃圾中转站管理制度齐全,制度上墙公布;站内建筑完好,地面、墙面平整,屋顶无雨水渗漏;垃圾中转设备完好可正常使用,环境整洁,车辆停放有序,管线排列整齐美观,无消防隐患,各项作业规范有序;垃圾中转站实行定时冲洗,减轻污水臭气,出站垃圾转运车辆应整洁美观,中转站每日工作结束后应进行一次扫除;垃圾中转站严格按照规定时间开放;开放时间标牌应上墙	管理制度不齐全的扣0.5分,未上墙公布的每处扣0.5分;站内建筑破损明显的扣0.5分;地面、墙面破损超过0.5平方米的每处扣0.5分,屋顶严重渗漏雨水的每处扣0.5分,环境脏乱差的每处扣0.5分,车辆停放秩序乱的每处扣0.5分,线路乱拉乱接的每处扣0.5分,消防器材未按要求配置的每处扣2分;垃圾中转站每日作业时间未达到规定要求,提前关闭的每座每次扣2分;开放时间标牌未在醒目位置上墙的,每处扣0.5分
车容车貌（15分）	车辆电子识别（5分）	垃圾运输车辆安装统一的车辆行驶过程记录仪和电子识别卡	未安装车辆实施过程记录仪、电子识别卡的,每车扣1分;安装后未使用的,每车扣1分
	车辆标识（5分）	车辆必须规范地喷涂清洁直运图案后方可上路作业	未喷涂清洁直运图案的,每车扣1分
	车辆容貌（5分）	垃圾运输车辆外观整洁实行密闭化运输,垃圾不落地、不外露,沿途不撒漏	垃圾运输车辆不整洁,外观积尘、尘垢明显的,每车次扣0.5分;垃圾落地接驳的,每车次扣0.5分;车身垃圾吊挂,垃圾外露,垃圾遗撒,污水滴漏,每车次扣0.5分
安全文明清运（35分）	收集容器管理（5分）	文明作业,轻装轻放,及时归位,避免垃圾收集容器的人为损坏	因作业不当,造成垃圾收集容器人为损坏的,每次扣0.5分
	接驳场地管理（5分）	垃圾清运接驳作业完成后,应及时清理场地,将垃圾收集容器正确复位,车走地净	垃圾收集容器没有正确放回原位的,每处扣0.5分;接驳作业结束未及时清扫作业场地,接驳点有散落垃圾的,每处扣0.5分

一级指标	二级指标	考核要求	扣分说明
安全文明清运(35分)	安全作业（10分）	安全管理制度落实，车队设有专职安全员，定期组织全员安全培训活动，垃圾清洁直运车辆驾驶人员、接驳操作人员、中转设备操作人员持证上岗，严格按照操作规程进行作业，直运机动车辆侧面、后面装有防护隔离栏，并设置车辆转弯语音提示装置，保持正常使用	无安全管理制度的扣10分，安全管理制度不够完善的扣1分，车队未设专职安全员的扣1分；垃圾清洁直运车辆驾驶人员、接驳操作人员、中转设备操作人员未持证上岗的每人次扣1分，直运机动车辆侧面、后面防护隔离栏未安装或破损的每车次扣2分，车辆转弯语音提示装置未安装、未使用或损坏的扣2分
	安全事故（10分）	车辆行驶、垃圾接驳等直运重点环节要注重安全，车辆在住宅小区、背街小巷等狭窄道路确保安全低速通过，无有责交通事故、生产事故	发生1人以上人员伤残的有责交通事故、生产事故每人次扣2分；发生1人以上人员伤亡的有责交通事故、生产事故每人次扣3分
	信息公告管理(5分)	在清洁直运作业点明显位置公布收运时间、频次、服务电话和监督电话	未公布相关信息的，每个点扣0.5分；信息不全的，每个点扣0.5分
应急情况处理(5分)	应急保障管理(5分)	根据重大活动保障、灾害性天气情况，制定完备的工作预案，并根据上级指示要求，按时做好临时性应急保障工作	没有应急预案的扣5分，预案不够完善的扣2分；未能按时做好应急性保障任务的，每发生一次扣5分
巡查走访管理(10分)	巡查督查（5分）	建立巡查制度，做好巡查日报，并将日报分月、分年汇总整理成册	未建立巡查制度的扣5分，巡查日报台账不齐全的扣1分
	走访听取意见(5分)	建立联系走访制度，至少每2个月组织1次听取社区(村)、服务对象意见，争取优质服务	未落实联系走访制度的扣5分，未全覆盖的扣1分
社会监督管理(5分)	社会评价反馈(5分)	争创群众满意，从专业化、精细化、标准化管理入手，提高市民对清洁直运的满意度	对社会监督员、志愿者反映的清洁直运问题，每件扣0.5分；对新闻媒体反映的问题，每件扣1分；未在规定时间内完成整改的，予以加倍扣分

运营期采取"按月考核、按季付费"的方式由地方住建局组织有关部

门和专家对项目运营情况进行评估，确定绩效考核得分，每季度以各月算术平均数进行衡量，向财政申请支付。季度考核评分在90分及以上的，垃圾清运服务费不予核减；季度考核评分在80—90分的，本季度的垃圾清运服务费核减5%；季度考核评分在80分以下的，本季度的垃圾清运服务费核减10%。季度考核评分平均分低于80分的，未达标项可整改且项目公司整改达标的，本季度的垃圾处理服务费按核减10%计算；未达标项属于重大事故或不能整改或可以整改但项目公司未整改或整改未达标的，实施机构有权拒付当期垃圾清运服务费或解除项目合同。

如果以R代表社会资本实际收入，x_1，x_2和x_3分别代表社会资本每个季度第一个月、第二个月和第三个月的绩效考核得分，令

$$\bar{x} = \frac{x_1 + x_2 + x_3}{3} \tag{5.1}$$

F表示社会资本对未达标项的整改状态，若$F = 1$，则表示整改达标；若$F = 0$，则表示未达标项不能整改或未整改或整改不达标。社会资本实际收入R可表示成$\bar{x}$和F的函数，即$R = f(\bar{x}, F)$，以P代表绩效满分时社会资本能够得到的所有收入，则社会资本的实际收入可用分段函数表示为：

$$R = f(\bar{x}, F) = \begin{cases} P, \bar{x} \geqslant 90, \\ (1 - 5\%)P, \ 90 > \bar{x} \geqslant 80, \\ (1 - 10\%)P, \bar{x} < 80, \ F = 1, \\ 0, \bar{x} < 80, \ F = 0。 \end{cases} \tag{5.2}$$

二、江西省九江市湖口县城乡生活垃圾第三方治理PPP项目

（1）项目基本信息。

江西省九江市湖口县城乡生活垃圾第三方治理PPP项目（简称"湖口垃圾治理"），是由湖口县人民政府授权，以湖口县市容执法局为实施机构采取竞争性磋商选择社会资本的PPP项目。项目采取政府付费机制，由实施机构对项目公司提供的服务进行绩效考核，政府方根据绩效考核结果支付绩效服务费。项目最终中标社会资本是深圳市龙吉顺实业发展有限公司，中标年度维护运营的绩效服务费为2 369万元，采取DBFOT（设计—建设—融资—运营—移交）的运作方式。社会资本负责在湖口县辖区内建设和配

置清扫、保洁、生活垃圾收集和转运设施设备，并于项目建成后形成"统一保洁、统一收集、统一转运、统一处置"的城乡生活垃圾一体化处理体系，总投资50 384万元（其中首期投资1 341.41万元，政府与社会资本方出资比例1∶9），合作期限15年（含建设期4个月）。

（2）项目绩效考核指标体系。

根据项目涉及的服务项目，江西省九江市湖口县城乡生活垃圾第三方治理PPP项目的治理考核评分细则包括服务内容和服务区域两个维度。

服务内容方面，合同将项目涉及的所有服务划分为10个部分（总分100分）：道路保洁（20分）、公共区域（20分）、水面（12分）、垃圾收集运输和处理（15分）、垃圾转运站管理（5分）、垃圾桶深埋桶保洁（5分）、路上设施清洁（2分）、街道和道路除尘淤泥处理（5分）、广告牌银屑病保洁和管理（5分）、公厕管理（5分）、特殊天气作业（3分）和安全作业（3分），然后再根据每项服务内容特点进一步细分考核指标。如道路保洁划分为路面保洁（8分）、道路两侧（6分）、路肩除草（3分）和路边警示牌（3分）四项。

服务区域方面，项目根据不同区域的人流量和环卫服务的难易程度将服务辖区划分为四类：一类区包括城市街道、广场和风景区；二类区包括国道、省道、进城主干道、县道、园区道路、集镇、示范美好乡村、政策性安置小区、背街小巷、城中村和行政村部；三类区包括乡道、集中农村、村村通和中心村；四类区包括分散农户和偏远山区。除了垃圾收集运输和处理、垃圾转运站管理、街道和道路除尘淤泥处理、公厕管理、特殊天气保洁、安全作业和水面的部分项目外，按照一类区到四类区的顺序，治理考核要求逐渐降低。

针对不同区域的不同服务内容，合同给出了详细的量化评判指标，监督者需要同时考察服务内容和服务区域，才能评价服务效果。以道路保洁为例，在一类区，道路两侧各50米范围内积有堆积垃圾超过2小时未清理的，每发现一处扣除0.5分；在二类区，道路两侧各50米范围内积有堆积垃圾超过4小时未清理的，每发现一处扣除0.5分；在三类区，道路两侧各50米范围内积有堆积垃圾超过6小时未清理的，每发现一处扣除0.5分；在四类区，道路两侧各50米范围内积有堆积垃圾超过8小时未清理的，每发现一处扣除0.5分。运营期道路保洁绩效考核指标见表5.5。

表5.5　运营期道路保洁绩效考核指标（湖口垃圾治理）

考核指标		一类区	二类区	三类区	四类区
道路保洁（20分）	路面保洁（8分）	路面保持清洁,果皮、纸屑、塑膜、烟蒂、痰迹等可见垃圾每1 000米²≤4个，无垃圾堆（处）、渣土堆（处）、运输洒漏处,路面堆积垃圾、动物尸体及粪便1小时内未清理扣0.5分;路面无明显沙石泥土,不得出现灰尘飞扬现象,发现1处扣0.5分	路面保持清洁,果皮、纸屑、塑膜每1 000米²≤6个，烟蒂、痰迹等可见垃圾每1 000米²≤8个,无垃圾堆（处）、渣土堆（处）、运输洒漏处,路面堆积垃圾、动物尸体及粪便2小时内未清理扣0.5分;路面无明显沙石泥土,不得出现灰尘飞扬现象,发现1处扣0.5分	路面保持清洁,果皮每1 000米²≤8个,纸屑、塑膜、烟蒂、痰迹等可见垃圾每1 000米²≤10个,无垃圾堆（处）、渣土堆（处）、运输洒漏处,路面堆积垃圾、动物尸体及粪便2.5小时内未清理扣0.5分;路面无明显沙石泥土,不得出现灰尘飞扬现象,发现1处扣0.5分	路面保持清洁,果皮每1 000米²≤10个,纸屑、塑膜每1 000米²≤12个,烟蒂、痰迹等可见垃圾每1 000米²≤15个,无垃圾堆（处）、渣土堆（处）、运输洒漏处,路面堆积垃圾、动物尸体及粪便3小时内未清理扣0.5分;路面无明显沙石泥土,不得出现灰尘飞扬,发现1处扣0.5分
	道路两侧（6分）	道路两侧各50米范围内积有堆积垃圾超过2小时未清理的,每发现1处扣除0.5分	道路两侧各50米范围内积有堆积垃圾超过4小时未清理的,每发现1处扣除0.5分	道路两侧各50米范围内积有堆积垃圾超过6小时未清理的,每发现1处扣除0.5分	道路两侧各50米范围内积有堆积垃圾超过8小时未清理的,每发现1处扣除0.5分
	路肩除草（3分）	路肩除草宽度不少于1.5米,杂草不高于路面10厘米,超出标准的每处扣除0.5分			
	路边警示牌（3分）	4千米内出现杂草遮挡路肩、警示桩、警示牌、里程碑状况的,每发现2处扣除0.5分			

绩效评分主要用于按效付费。对于项目公司提供的各项服务，政府根据运营绩效考核结果向其支付绩效服务费。绩效服务费按月度考核打分并计算月度绩效服务费，季度汇总支付。月度服务费计算时，将服务内容划分为农村清扫保洁、农村垃圾收集转运、城区清扫保洁、城区垃圾收集转运和垃圾外运五项，月度服务费由各项服务内容的服务费基数和绩效服务

考核调整系数加权平均得到。服务费初始基数通过竞争性磋商程序确定，并根据后续服务的实际情况进行调整。绩效服务考核调整系数则根据服务内容和绩效考核指标计算得到。如果考核结果高于85分，调整系数为1。如果考核结果低于85分（不含），每低1分调整系数降低0.002。此外，该PPP项目合同中对政府或者政府委托第三方机构临时接管服务和提前终止项目合作进行了规定：如果发生停止运营、项目设施严重毁损、严重侵害第三方利益或者月度绩效考核评分为60分以下时，认为社会资本严重违约，由政府方对项目进行临时接管；临时接管后，政府有权扣除项目公司当月绩效服务费。项目公司累计2个月月度绩效考核打分60分以下（不含60分），政府方有权单方面解除PPP合同。

若以 x 代表绩效考核得分，R 代表社会资本实际收入，P 代表绩效满分时社会资本能够得到的所有收入，则社会资本的收入可表示为：

$$R = f(x) = \begin{cases} P, & x \geqslant 85, \\ P[1 - 0.002(85 - x)], & 85 > x \geqslant 60, \\ 0, & x < 60。 \end{cases} \quad (5.3)$$

此外，项目合同中还对运营作业规范及技术工艺进行了要求。例如：要求城区垃圾收集转运采取"前端收集+勾臂车收集+收集转运站初步压缩+垃圾车转运"模式，城区垃圾收集转运主工艺模式为"200 L垃圾桶—板车或电动三轮车（收集与运输）—收集转运站（初步压缩）—8 T垃圾转运车—垃圾压缩站"。城区的清扫保洁，要求主次干道路均采取机械清扫为主，人工清扫为辅的清扫作业方式。日常保洁按道路等级标准配置相应的保洁员，每名保洁员一辆环卫板车或保洁电动车。背街小巷等机械清扫不满足要求的路段清扫保洁均以人工为主，根据街道情况按标准配置保洁员，每名保洁员一辆三轮保洁车。主、次城市道路以及城市广场清扫保洁时间每日不少于16小时。城市公共绿地及绿化带保洁时间每日不少于8小时。

三、贵州省安龙县城乡生活垃圾收运一体化及清扫保洁PPP项目

（1）项目基本信息。

贵州省安龙县城乡生活垃圾收运一体化及清扫保洁PPP项目（简称"安龙清运"），总投资7 020.57万元，采取政府付费的回报机制，目前已经

进入执行阶段。项目包括安龙县县城和辖区内6个乡镇道路清扫保洁、生活垃圾收集和转运设施设备建设及配置，并于项目建成后形成城乡生活垃圾一体化收运体系。根据初步设计说明资料，初始服务人口约35万人，垃圾收运总量约280吨/天。项目涉及两个部分，一部分为垃圾系统投资建设和运营，一部分为城乡生活垃圾清扫保洁。项目合作期为21年，其中建设期1年，运营期20年。该项目通过公开招标的方式，最终选择安龙县龙荷城建设有限责任公司与湖南宁乡仁和垃圾综合处理有限公司及劲旅环境科技有限公司联合体为社会资本方。

（2）项目绩效考核指标体系。

该项目绩效考核指标包括两个部分：垃圾收运考核指标和清扫保洁考核指标。

垃圾收运考核指标体系包括8项一级指标：收集设施（6分）、稳定的收运队伍（10分）、安全生产情况（14分）、环境卫生考核（33分）、劳动用工情况（10分）、垃圾收运设施设备日常管护情况（12分）、重大接待及活动期间的工作完成情况（10分）和其他需要考核的工作情况（5分）。其中，"收集设施"设置二级指标2项：收集、垃圾收运设施完好；保持垃圾收运设施干净整洁。"环境卫生考核"设置二级指标2项：垃圾集中定点堆放，及时清运，垃圾桶及周围整洁；道路及两侧、公共场所、房前屋后无垃圾，无乱堆乱放杂物等。"劳动用工情况"设置二级指标4项：对聘用及用工人员，按规定签订劳动合同，切实保障劳动用工的合法权益，包括工资兑付、保险缴纳等方面的情况；对员工进行岗前培训、定期培训；按要求给工人配备专业的作业服装；及时高效处理好用工中的人事劳动纠纷问题，不得出现工人上访的情况。具体内容如表5.6所示。

表5.6　项目运营期绩效垃圾收运考核指标（安龙清运）

一级指标	二级指标	扣分说明
收集设施（6分）	收集、垃圾收运设施完好	垃圾收运设施保持干净整洁，每周至少清洗一次，月考评中未清洗一个扣0.1分
	保持垃圾收运设施干净整洁	收集、转运设施损坏，未能达到日产日清，发现一次扣0.5分

一级指标	二级指标	扣分说明
稳定的收运队伍(10分)	有科学的管理制度,稳定的收运队伍	收运人员统一着装,未着装上岗的发现一次扣0.1分
		定期对收运人员开展收运知识培训,每月至少进行一次,未培训的扣2分
安全生产情况(14分)	符合安全规定,定期接受安检部门督查,签订目标责任书	作业企业未定期组织开展安全培训、召开安全生产专题会议的扣2分(每月至少进行一次)
		未签订安全生产目标责任书的扣2分
环境卫生考核(33分)	垃圾集中定点堆放,及时清运,垃圾桶及周围整洁	发现垃圾随意堆放的,每处扣0.2分
		垃圾溢出集中收集桶或环境卫生差的扣0.5分
	道路及两侧、公共场所、房前屋后无垃圾,无乱堆乱放杂物等	发现公共场合或道路两旁堆放垃圾或杂物的,每处扣0.2分
劳动用工情况(10分)	对聘用及用工人员,按规定签订劳动合同,切实保障劳动用工的合法权益,包括工资兑付、保险缴纳等方面的情况	违反一项扣1分
	对员工进行岗前培训,定期培训	
	按要求给工人配备专业的作业服装	违反一项扣1分
	及时高效处置好用工中的人事劳动纠纷问题,不得出现工人上访的情况	
垃圾收运设施设备日常管护情况(12分)	垃圾收运设施设备的日常保养和维护台账的建立	没有相关制度,垃圾收运设施设备管理台账不完备、不规范,不能有效反映现有垃圾收运设施设备现状,每次扣1分
		垃圾收运设施设备丢失或毁损的情况无记录,每次扣1分
重大接待及活动期间的工作完成情况(10分)	重大活动、接待等临时性生活垃圾收运工作	在重大接待及活动期间,未完成本服务区域范围内生活垃圾收运工作,每次扣2分
		未完成领导临时交办的生活垃圾收运相关工作,每次扣1分

一级指标	二级指标	扣分说明
其他需要考核的工作情况（5分）		

清扫保洁考核指标体系包括3项一级指标：基本作业要求（75分）、员工工作要求（15分）和其他要求（10分）。其中，"基本作业要求"设置二级指标8项：每天早上7时前完成对本项目服务区域范围内的路段彻底普遍清扫并将垃圾收集干净；保证路段道牙清扫彻底，不留卫生死角；对本项目服务区域范围内的路面按环境卫生作业质量标准进行作业；规范清扫保洁人员作业标准；清扫保洁垃圾及时清理；清扫保洁范围内公共设施保持干净整洁、无野广告；不随意掩埋、焚烧垃圾、树叶、杂物；清扫保洁车辆每天必须干净整洁。"员工工作要求"设置二级指标2项：清扫保洁人员应穿标志服装上岗作业；保证工作时间项目范围有人及时保洁。"其他要求"设置二级指标3项：接受公众监督；及时纠正问题；其他。

运营绩效服务费按月支付，绩效考核由甲方按月度进行，并以乡镇清扫保洁、市政道路清扫保洁和垃圾清运的计算基数与相应绩效考核调整系数的乘积之和作为需要支付的绩效服务费。考核结果根据绩效考核指标评分得到，考核结果为80分，调整系数为1；考核结果低于80分，每低1分调整系数降低0.002；考核结果高于80分，每高出1分调整系数增加0.002。

若以 x 代表绩效考核得分，R 代表社会资本实际收入，P 代表绩效80分时社会资本能够得到的所有收入，则社会资本的收入可表示为：

$$R = f(x) = \begin{cases} P[1 + 0.002(x - 80)], & x > 80, \\ P, & 80 = x, \\ P[1 - 0.002(80 - x)], & 80 > x。 \end{cases} \tag{5.4}$$

四、河北省唐山市乐亭县固废综合处理厂生活垃圾焚烧发电PPP项目

（1）项目基本信息。

河北省唐山市乐亭县固废综合处理厂生活垃圾焚烧发电PPP项目（简称"乐亭固废"）包括三个子项目：乐亭县固废综合处理厂生活垃圾焚烧

发电项目，乐亭县固废综合处理厂餐厨、污泥、粪便处理项目和乐亭县中水利用工程项目。项目提供的公共产品为固废综合处理厂（包括生活垃圾焚烧发电项目和餐厨、污泥、粪便处理项目）1座，厂区固废处理规模为生活垃圾450吨/天、RDF（Refuse Derived Fuel，垃圾衍生燃料）50吨/天、餐厨垃圾25吨/天、污泥25吨/天（进厂污泥15吨/天）、粪便60吨/天；配套中水供水管网13 326.57延米及取水泵站1座。在PPP项目实施方案通过政府审批后，以公开招标的形式选定社会资本方进行合作。PPP项目整体采用BOT+BOO运作方式，其中固废综合处理厂生活垃圾焚烧发电项目和固废综合处理厂餐厨、污泥、粪便处理项目采用BOO方式运作，乐亭县中水利用工程项目采用BOT方式运作。项目总投资33 012万元，通过公开招标方式选择社会资本，实施可行性缺口补助回报机制，合作期限30年，设定政府运营补贴自项目运营第一年起，每年对项目提供的公共产品和公共服务进行绩效考核后，根据绩效考核结果付费。补助金额结合当地政府中长期财政规划统筹考虑，纳入同级政府预算。

（2）项目绩效考核指标体系。

项目涉及垃圾焚烧发电、固废综合处理和中水利用工程项目。政府和社会资本协商确定的合同中并没有针对具体子项目单独设置绩效考核指标，三个子项目使用相同的运营绩效考核指标体系。

项目运营绩效考核指标包括5个一级指标：计量管理（15分）、运行管理（30分）、安全管理（15分）、环境卫生（30分）和公众满意度（10分）。

"计量管理"主要考核生活垃圾称重计量，数据信息的详细记录，与监管方系统的数据传输正常，称重计量数据的准确性等。

"运行管理"包括生产计划及实施、设施运行、垃圾接受和焚烧效果4个二级指标，涉及生产计划制订及实施情况，项目设施及附属系统工程故障维护；档案管理；设备检查保养；垃圾进厂和卸料有效保障；炉渣热灼减率要求等。

"安全管理"包括安全作业、安全检查和应急事件处理3个二级指标，涉及安全作业规则制定、员工培训、安全隐患排查、运行管理预案建立等。

"环境卫生"包括污染控制和厂区环境2个二级指标，涉及烟气处理；飞灰处理；炉渣处理；厂区噪声控制和臭味控制；厂区环境整洁、标识清晰和绿化维护到位；厂区除害灭虫等。

"公众满意度"包括公众满意度和信息公示2个二级指标，涉及公众满意度评价；厂外电子显示屏对主要污染物排放在线数据实时公示。具体内容如表5.7所示。

表5.7　项目运营期绩效考核指标（乐亭固废）

一级指标	二级指标	考核要求	扣分说明
计量管理（15分）	有效计量（15分）	生活垃圾称重计量,各项数据、信息应详细记录存档,并与监管方系统进行联网,确保称重数据传输正常(10分)	未进行称重的,扣5分;称重数据信息记录不全、错误,扣1—5分
		按规定定期对称重计量系统进行校核,确保称重计量数据的准确性(5分)	未按要求定期进行校核的扣5分
运行管理（30分）	生产计划及实施（5分）	生产计划制订及计划实施情况(5分)	制订科学、合理的生产计划,并按计划有序实施,得5分;有科学合理的生产计划,但未按计划有序实施,得3分;无科学、合理生产计划不得分
	设施运行（10分）	项目设施及附属系统工程故障维护(5分)	故障频率在1%—4%的扣1分;故障频率在5%—10%的扣3分;故障频率在10%以上的扣5分
		档案管理(2分)	日常管理中未按要求存档的扣2分
		做好各类仪表设备的检查、保养、校核工作(3分)	未做好仪表设备检查、保养、校核工作的每处扣1分
	垃圾接受（10分）	为垃圾进厂提供有效保障,道路、卸料大厅处的事故照明、安全警示牌、防车辆坠落、消防等安全设施设置到位并正常运行,采光或照明满足作业需要,保证车辆正常作业(5分)	垃圾进场安全设施未设置或不能正常运行,每处扣0.2分;采光或照明不能满足作业要求的扣0.5分
		卸料大厅应安排现场管理人员,卸料门应装有红绿灯的操作信号,指示垃圾车卸料,满足垃圾及时倾倒要求(5分)	现场未安排管理人员的,每次扣1分,管理人员不履行职责的,每次扣0.5分;因未按照红绿灯操作信号致使垃圾车进出地磅周转时间过长,每次扣0.5分;卸料口垃圾堆积过多,影响正常卸料的,每次扣1分

一级指标	二级指标	考核要求	扣分说明
运行管理 （30分）	焚烧效果 （5分）	委托有资质单位每月至少监测1次炉渣热灼减率，每月平均热灼减率应不大于3%（5分）	监测频率未达到要求的扣5分，未委托有资质单位进行监测的扣3分；监测结果单炉热灼减率超过5%，每炉每次扣0.5分
安全管理 （15分）	安全作业 （5分）	建立安全作业规则，工作人员得到相关培训（5分）	未建立安全作业规则的扣3分，工作人员未得到相应培训的扣2分
	安全检查 （5分）	制订安全检查计划，并定期开展安全隐患排查工作（5分）	未制订安全检查计划的扣3分，未定期开展安全隐患排查的扣2分
	应急事件处理（5分）	建立完善运行管理预案	未建立应急预案的扣3分，安全设施、应急物资配置不到位扣2分
环境卫生 （30分）	污染控制 （15分）	烟气处理（5分）	每缺一项烟气处理净化系统扣1分；布袋等耗材无更换计划或未按计划及时更换每次扣1分
		飞灰处理（5分）	飞灰经稳定后送至本项目填埋场指定区域进行填埋处置，程序规范、各项指标满足《危险废物鉴别标准——浸出毒性鉴别》（GB5085-3-2007）和《生活垃圾填埋场污染控制标准》（GB16889-2008）的浸出毒性标准要求，飞灰处理不符合规范或处理不达标，扣1—5分
		炉渣处理（5分）	炉渣未密闭运输扣1分；运输过程抛洒扣1分；炉渣处置场不符合环保要求扣1分
			炉渣的贮存、处置各项指标按《一般固体废物贮存处置场污染控制标准》，不符合规范或处理不达标扣3分
	厂区环境 （15分）	厂区噪声控制和臭味控制（5分）	噪声控制超标扣2分；臭味控制超标扣2分，有投诉记录未处置扣1分
		厂区环境整洁，设施整洁完好、标识清晰、绿化维护到位（5分）	环境不整洁、设施破损、标识不明晰的每处扣0.5分；绿化枯死、杂草丛生每处扣0.5分
		定期开展除害灭虫活动，杜绝"四害"滋生（5分）	未定期开展除害灭虫活动的扣2分，"四害"密度超标的每项扣0.5分

一级指标	二级指标	考核要求	扣分说明
公众满意度（10分）	公众满意度（5分）	公众满意度（5分）	发生群众集访、事故故障等紧急、重大事项应在3个工作日内报送相关信息，未报送的每次扣1分，超时报送的每次扣0.5分
	信息公示（5分）	厂外显著位置设置大型电子显示屏，对主要污染物排放在线数据进行实时公示，主动接受公众监督	环保在线数据公示不真实每次扣1分；故障未能在24小时修复或经常性不正常公示的每次扣1分

　　运营维护绩效考核分数如果在90分到100分之间，绩效考核系数为1；如果在60分到90分（不含）之间，绩效考核系数是当年运营维护绩效考核分数除100；如果运营维护绩效考核分数小于60分，实施机构暂停支付可行性缺口补助，并限期项目公司整改。项目运营整改后进行二次绩效考核，整改达标后按照绩效考核结果付费。若项目公司在合理周期内未能有实质性改进的，政府方有权拒绝付费，乃至终止合同。

　　用 F 表示社会资本对未达标项的整改状态，若 $F = 1$，则表示整改达标；若 $F = 0$，则表示未达标项不能整改或未整改或整改不达标。以 x 代表绩效考核得分，则社会资本实际收入 R 可表示成 x 和 F 的函数，即 $R = f(x, F)$，以 P 代表绩效满分时社会资本能够得到的所有收入，则社会资本的实际收入可用分段函数表示为：

$$R = f(x, F) = \begin{cases} P, & 100 \geqslant x > 90, \\ \dfrac{x}{100}P, & 90 > x \geqslant 60, \\ 0, & 60 > x \text{且} F = 0。 \end{cases} \tag{5.5}$$

五、广东省揭阳市绿源垃圾综合处理与资源利用厂项目

（1）项目基本信息。

广东省揭阳市绿源垃圾综合处理与资源利用厂项目（简称"揭阳垃圾处理"）的投资总金额是50 086.26万元，合作期限30年，采取使用者付费机制。主要服务内容是将生活垃圾通过机械与生物的处理后，分选出可回收利用的再生资源，同时生产出高热值的垃圾衍生燃料（RDF）及可利用

的惰性无机物。RDF用于焚烧发电进行能源化利用，惰性无机物及灰渣制作建筑材料达到垃圾全利用，无排放物，生产生活污水全部处理回用，达到污水零排放。整套工艺旨在最大程度地实现生活垃圾的资源化与能源化综合利用，形成国内领先、国际先进的新型垃圾处理项目。项目采用设计—建设—运营—移交（DBFO）模式，服务范围为揭阳市中心城区，包括榕城区、揭东区、蓝城区、空港经济区等区域以及各区管辖的街道和镇居民生活垃圾，优先处理揭阳市区生活垃圾，有余力并经市人民政府批准方可接收外市垃圾或其他合适来源的垃圾。项目首期总处理规模1 000吨/天；中期增加500吨/天，总规模达1 500吨/天；远期增加500吨/天，总规模达2 000吨/天。本项目采购方案仅针对首期建设1 000吨/天垃圾处理PPP项目。

（2）项目绩效考核指标体系。

项目绩效考核指标包括6个分项指标：管理制度及执行（15分）、运行管理维护（40分）、废水（渣）处理及达标（30分）、事故（5分）、厂容厂貌（5分）和投诉（5分）。

"管理制度及执行"包括完善的管理制度，清楚的执行记录，保险，培训计划及执行等方面。

"运行管理维护"包括称量记录清楚，设备运行良好，臭味控制，完整维护制度及执行，焚烧系统运转正常，在线记录完整和归档齐全等方面。

"废水（渣）处理及达标"包括渗滤液处理设施运行正常，冷凝液处理设施运行正常，车间臭气处理设施运行正常，尾气处理加药量及排放正常，冷却塔水处理设施运行正常，飞灰处理达标和记录清楚，炉渣灼减率、残渣灼减率达标，废水废渣废气处理记录，各类污染物排放达标等。具体内容如表5.8所示。

表5.8 运营期绩效考核指标（揭阳垃圾处理）

分项指标	子项水平描述	相应分值/分
管理制度及执行（15分）	有完善管理制度(员工管理手册;科学管理;记录制度;日报、月报、年报制度;惩罚制度等)	5
	执行记录清楚、归档完善、执行有力	5
	培训计划及执行	3
	保险	2

续　表

分项指标	子项水平描述	相应分值/分
运行管理维护 （40分）	称量记录清楚、设备保持良好运行	3
	进料大厅整洁,臭味控制好	6
	分拣车间设备运行良好,臭气控制良好	8
	有完整运行维护制度,执行好	8
	RDF焚烧系统年运行超8 000小时,平均炉温控制大于850℃,设备运转正常	8
	在线记录及纸质记录完善,归档清楚	7
废水（渣）处理及 达标(30分)	渗滤液处理设施运行正常,达回用要求	5
	冷凝液处理设施运行正常,达回用要求	3
	车间臭气处理设施运行正常,达标准排放	3
	尾气处理加药量正常,达标排放	5
	冷却塔水处理设施运行正常,达回用要求	2
	飞灰自行处理达标,记录清楚	2
	炉渣灼减率<5%,并得到妥善处理	2
	残渣灼减率<5%,并得到妥善处理	2
	废水废渣废气处理记录清楚全面,归档规范完整	5
	污染物排放全部达标	1
事故(5分)	分类,每个扣0.5分	5
厂容厂貌(5分)	整洁、生态、无臭味	5
投诉(5分)	每发生一次有效投诉扣1分	5

　　项目根据绩效指标计算的分值实施按效付费。如果得分低于90分，实施扣罚措施。罚款额按违规情况和相应的分数计算，并从当月运营费中扣除。85分至90分，扣除当月垃圾处理服务费1%；80分至85分，扣除当月垃圾处理服务费3%；75分至80分，扣除当月垃圾处理服务费10%；70分至75分，扣除当月垃圾处理服务费20%；70分以下，扣除当月垃圾处理服务费40%，并提出警告，一年内超过3次属于严重违约，将发出违约通知。

　　若以x代表绩效考核得分，R代表社会资本实际收入，P代表绩效满分时社会资本能够得到的所有收入，则社会资本的收入可表示为：

$$R = f(x) = \begin{cases} P, & 100 \geqslant x > 90, \\ (1 - 1\%)P, & 90 > x \geqslant 85, \\ (1 - 3\%)P, & 85 > x \geqslant 80, \\ (1 - 10\%)P, & 80 > x \geqslant 75, \\ (1 - 20\%)P, & 75 > x \geqslant 70, \\ (1 - 40\%)P, & x > 70 。 \end{cases} \qquad (5.6)$$

六、PPP项目绩效考核指标体系比较

上述5个城市生活垃圾处理PPP项目所采用的绩效指标体系虽然不能全面代表所有已经进入实施阶段的PPP项目的绩效指标体系构建全貌,却能在一定程度上反映出当前部分城市生活垃圾处理PPP项目绩效指标体系构建思路。从这5个项目中,可以看出当前部分城市生活垃圾处理PPP项目的绩效指标体系构建存在以下共同特点及不足之处。

(1)PPP项目绩效考核指标共同特点。

第一,按效付费思想已确立。上述各项目都制定了详细的绩效标准和按效付费计算方法。无论具体的指标要求和付费方案是否一致,其城市生活垃圾处理服务费用都要根据社会资本的服务质量进行支付。可见,PPP项目实施过程中按效付费的思想已经为各地方政府和社会资本接受,并在PPP项目合同中通过绩效要求得以体现。

第二,服务质量是绩效考察的重点。从绩效指标体系的构成来看,城市生活垃圾处理服务项目的质量状况是各项目绩效考核的重点。以江西省九江市湖口县城乡生活垃圾第三方治理PPP项目为例,其绩效指标构建基本围绕城市生活垃圾处理服务PPP项目所涉及不同服务内容的服务效果展开,主要包括不同区域不同服务内容的效果分级,绩效评价主要是针对不同的服务效果进行评分,然后根据评分支付服务费。安龙县城乡生活垃圾收运一体化及清扫保洁PPP项目的清扫保洁服务,基本作业要求所占分值为总分值的75%。这种以服务质量为绩效考察重点的绩效指标体系构建思路正好体现了在公共服务领域引入PPP模式的初衷,即通过社会资本引入提升公共服务质量水平,也与政府供给模式下垃圾处理服务绩效要求以服务效果为核心的思路一脉相承。

第三，物有所值理念未曾体现。物有所值评价是判断服务项目是否适合PPP模式的重要依据。按照PPP项目执行程序，只有通过物有所值评价的项目才可能进入实施阶段。然而，物有所值理念不仅体现在项目识别阶段，更需要贯彻项目运行始终。本节所涉及的项目已进入实施阶段，可以通过绩效指标设置引导社会资本努力实现物有所值。但是，各PPP项目绩效指标设置均未考虑项目运营的成本组成、成本投入使用效率和成本节约激励等相关内容。在合约签订后，对于监督激励社会资本实现物有所值缺乏合同约束。

（2）PPP项目绩效考核指标差异分析。

第一，指标结构差异。上述5个项目都属于城市生活垃圾处理领域的PPP项目，前面3个以城市生活垃圾处理前端的收运服务为主，后面2个以垃圾终端处置的焚烧服务为主，5个项目涉及的考核内容在表5.9中汇总。从表格内容可以观察到，各项目的绩效指标结构存在较大差异。由于各地社会经济发展状况不同，在绩效指标体系结构设置方面存在差异也是正常的。但是，表5.9中的项目绩效指标并不能看出明显的地域差异，更多是指标制定思路的差异。以城市生活垃圾收运服务的PPP项目为例，虽然绩效评价总分都是100分满分，但是分值构成却大相径庭。浙江省衢州市开化县城乡生活垃圾收集清运项目的绩效评价指标包含的内容较丰富。如果从服务实施过程的视角进行分析，绩效指标涉及服务实施前的社会资本管理，服务实施中的车容车貌、服务实施效果、服务实施后的巡查监督等内容，绩效指标设置基本贯穿清运服务全过程。贵州省安龙县城乡生活垃圾收运一体化及清扫保洁PPP项目的绩效指标设置可以用服务生产涉及的要素进行分析。服务生产需要相应的设备和人工，所以其绩效指标设置中考虑到了提供服务所需的设施设备管理、服务人员和用工管理等内容。同时，服务生产还需要考虑用户的使用反馈，所以指标设置了服务效果和公众监督等内容。相比之下，江西省九江市湖口县城乡生活垃圾第三方治理PPP项目的绩效指标构成则比较简单。虽然考核指标可以划分12类，但是其中有11类（共计97分）都与服务效果有关，仅包含1项（共3分）的安全作业评分。和前面两个项目的绩效指标结构相比，湖口垃圾治理的绩效指标考核内容比较单一。

表5.9 各PPP项目绩效考核指标结构

序 号	开化收运	湖口垃圾治理	安龙清运	乐亭固废	揭阳垃圾处理
1	垃圾清运标准(20分)	道路保洁(20分)	收集设施(6分)	计量管理(15分)	管理制度及执行(15分)
2	垃圾中转站管理(10分)	公共区域(20分)	稳定的收运队伍(10分)	运行管理(30分)	运行管理维护(40分)
3	车容车貌(15分)	水面(12分)	安全生产情况(14分)	安全管理(15分)	废水(渣)处理及达标(30分)
4	安全文明清运(35分)	垃圾收集运输和处理(15分)	环境卫生考核(33分)	环境卫生(30分)	事故(5分)
5	应急情况处理(5分)	垃圾转运站管理(5分)	劳动用工情况(10分)	公众满意度(10分)	厂容厂貌(5分)
6	巡查走访管理(10分)	垃圾桶深埋桶保洁(5分)	垃圾收运设施设备日常管护情况(12分)	—	投诉(5分)
7	社会监督管理(5分)	路上设施清洁(2分)	重大接待及活动期间的工作完成情况(10分)	—	—
8	—	街道和道路除尘淤泥处理(5分)	其他需要考核的工作情况(5分)	—	—
9	—	广告牌银屑病保洁和管理(5分)	—	—	—
10	—	公厕管理(5分)	—	—	—
11	—	特殊天气作业(3分)	—	—	—
12	—	安全作业(3分)	—	—	—

第二,指标可操作性差异。城市生活垃圾处理PPP项目中,部分服务涉及的内容已经有明确的国家技术标准,如垃圾桶使用标准、渗滤液处理标准和废水（渣）处理标准等。但是,仍然有部分项目难以制定明确的技术指标要求,只能在绩效指标中通过定性描述或者定量要求拟定评分细则。由于服务效果本身不易描述,导致部分评分细则在项目运营管理中缺乏可操作性,难以有效实施。例如,贵州省安龙县城乡生活垃圾收运一体化及清扫保洁PPP项目中在一级评价指标"环境卫生考核"下设置的二级指标

"垃圾集中定点堆放，及时清运，垃圾桶及周围整洁"，具体表述则是"垃圾溢出集中收集桶或环境卫生差的扣0.5分"。对于"垃圾溢出集中收集桶"是容易判断的。但是"环境卫生差"这种表述则较为模糊，难以判断。江西省九江市湖口县城乡生活垃圾第三方治理PPP项目，在一级绩效指标"道路保洁"之下设置二级指标"道路两侧"，以一类区为例，其评分细则是"道路两侧各50米范围内积有堆积垃圾超过2小时未清理的，每发现1处扣0.5分"；对于二类区域，评分细则是"道路两侧各50米范围内积有堆积垃圾超过4小时未清理的，每发现1处扣除0.5分"；对于三类区域，评分细则是"道路两侧各50米范围内积有堆积垃圾超过6小时未清理的，每发现1处扣除0.5分"。从指标设置逻辑来看，一类区域以"2小时"为评分划分标准，二类区域以"4小时"为评分划分标准，三类区域以"6小时"为评分划分标准，能够体现不同类别区域的监管梯度，也能将评分指标量化。但是，从垃圾处理实务来分析，无论是2小时、4小时，还是6小时，监测和检查中都缺乏可操作性。考虑到服务监管人员人力有限，持续2小时、4小时或6小时监测一个垃圾点都是很困难的。

　　第三，公众监督重视程度差异。各项目在合同文本中或多或少都会提及公众监督。有效的公众监督不能只依靠公众的社会责任感，还要求社会资本主动公开运营信息，绩效评价时对于公众反馈的信息给予重视。在列举分析的5个项目中，开化收运、乐亭固废和揭阳垃圾处理三个项目都设置了相关的公众监督指标。开化收运的绩效指标中，"安全文明清运"中设置"信息公告管理"，要求社会资本主动向公众公开信息，指标项总分为5分；"巡查走访管理"和"社会监督管理"都与公众评价有关，两个考核项目共计15分。如果将这三项综合考虑，该项目绩效指标中与公众监督相关的指标项总分共计20分，占绩效评价总分的20%。乐亭固废设置"公众满意度"一级考核指标，相应的二级指标为"公众满意度"和"信息公示"，共计10分，占绩效评价总分的10%。揭阳垃圾处理的绩效指标中设置一级指标"投诉"，如果将其看作社会公众对项目运营的监督结果，该绩效指标中公众监督内容共计5分，占绩效评价总分的5%。但是，揭阳垃圾处理并不要求社会资本向公众公开信息。相比之下，安龙清运和湖口垃圾治理在绩效指标评分细则中不仅对社会资本向公众公开信息不做要求，公众反馈的监督结果对社会资本绩效评价结果影响也不大，不能直接影响绩效评价结果。贵州省安龙县城乡生活垃圾收运一体化及清扫保洁PPP项目的绩效指标没有明确制定相关公众监督和信息公开指标。不过，该项目绩效指标设置了"其他需要考核的工作情况"，在项目运营过程中，此指标项保留了政府对公众参与项目相关内容的考核权利。江西省九江市湖口县城乡生活垃圾第三方治理PPP项目的绩效指标不仅没有信息公开和公众监督的相关内容，也没有为后续运营中对公众意见的反馈保留考核余地。各项目对公众监督重视情况如表5.10所示。

表5.10　各项目绩效指标对公众监督的分值分配情况

项　目		开化收运	湖口垃圾治理	安龙清运	乐亭固废	揭阳垃圾处理
考核内容	公众监督	15	0	0	5	5
	信息公开	5	0	0	5	0
总　分		20	0	0	10	5
总分占比		20%	0	0*	10%	5%

*注：安龙清运虽然没有设置明确的公众监督和信息公开指标，却设置了5分的"其他需要考核的工作情况"，保留了政府对公众参与项目相关内容的考核权利。

第三节　PPP模式与政府供给模式下
垃圾处理服务绩效要求比较

《绩效管理操作指引》为具体的PPP项目绩效指标制定提供了基本的框架结构和指导思想，垃圾处理PPP项目合约中的绩效指标体系则反映出服务界对服务供给模式变化后绩效调整方向的探索。从目前的实际情况来看，《绩效管理操作指引》和现实的垃圾处理PPP项目合约与传统政府供给模式下垃圾处理服务绩效要求之间均存在差异。

政府供给模式下对垃圾处理服务的绩效要求可以分为显性要求和隐性要求两种。显性要求可以看作各类垃圾处理服务条例中明文约定的绩效要求。从中央政府和地方政府对垃圾处理服务的绩效要求来看，与《绩效管理操作指引》相比较，政府主要关注垃圾处理服务运营期的项目运营并集中于垃圾处理的服务效果方面，如清洁效果、运输效果、服务时间等，对项目建设期并没有特别关注，对服务供给需要考虑的相关技术安全规定、运营期的成本效益、安全性和社会影响等也没有特别提及。

隐性要求是垃圾处理服务供给过程中政府虽然没有明确写入相关管理条例却会遵守并努力实现的绩效要求，或者需要根据社会经济变化情况进行调节的绩效要求。政府供给模式下的垃圾处理服务仅是政府提供的诸多公共服务中的一部分。政府在统筹社会经济各部门综合发展的情况下均衡垃圾处理产业发展，从而确定相应的资源投入并根据实际供给情况变化而及时调整。

垃圾处理服务供给服务水平和社会经济发展水平、产业发展规划和财政资金拨付多少有关。政府在考虑垃圾处理服务供给时会指定环境卫生主管部门，同时也会指定多家部门协助支持主管部门的服务供给。在政府供给模式中，垃圾处理服务由政府向社会公众提供，垃圾处理相关技术标准由政府制定，垃圾处理设施由政府负责供应，垃圾处理费用主要依靠财政收入支付，垃圾处理过程中的突发事故也是由政府负责处理善后。政府同时扮演了服务供给者、费用支付者、设备供应者、规则制定者和危机事件应对者的角色。为了提升不同角色任务绩效，政府会出台更具针对性的行为规范要求，如财政资金使用方式、设备采购流程、设备技术指标要求等。这些要求默认为垃圾处理服务供给过程中涉及的各部门都需要遵守，并不需要在生活垃圾管理条例中得到明确体现。

在PPP模式中，由于垃圾处理服务交予社会资本提供，政府和社会资本行为都会受到项目合作谈判期初所签订的PPP项目合约限制。与政府供给模式下政府可以根据服务实况灵活裁定服务供给相比，政府的控制权将受到影响。相应地，由于社会资本在垃圾处理服务供给中存在信息优势，受其逐利天性影响，他们可能在政府控制权受限的情况下做出损害公众利益的决策。为了将社会资本行为限定在政府可控范围之内，PPP模式下制定垃圾处理服务绩效要求不仅要将原来隐性绩效要求显化，还要提升绩效指标制定的前瞻性，对垃圾处理服务未来的供给发展趋势加以考虑。所以，从《绩效管理操作指引》所反映的PPP模式下政府对社会资本服务绩效考核的基本思路来看，不仅将考核对象区分为社会资本和项目实施机构，还分别针对建设期和运营期对产出、效果和管理等进行了限定。

从政策导向来看，伴随全社会对生态环境的逐渐重视、"垃圾围城"困境日益严重以及人民对美好生活的向往，政府在垃圾处理服务方面的关注度也越来越多，垃圾处理PPP项目绩效合约都需要逐渐向《绩效管理操作指引》的制定思路靠拢。然而，从上述垃圾处理PPP项目案例来看，现实的服务绩效指标虽然和政府供给模式下的绩效指标相比，已经完成PPP项目部分隐性绩效指标的显化处理，如项目建设期的工程质量安全、工程安全和时间进度要求等，但对项目运营期的要求更多的还是集中于细化服务效果方面，而忽略了社会影响、经济影响、财务管理等在项目运营期间的动态变化。

小 结

PPP模式推广会直接影响垃圾处理服务绩效指标制定思路。政府是默认的公众利益守护者。为了向公众提供满意的公共服务，政府需要从顶层设计、政策制定、信息传递、奖惩机制、资金收支、产业发展、部门合作、生态要求、服务提供和服务保障等多方面进行统筹协调。政府供给模式下，这些工作都是由政府自发承担并在内部组织协调。对于公众而言，他们只能接触到最终输出的公共服务，对于公共服务供给过程和相关保障并不熟悉。所以，政府供给模式下，垃圾处理服务绩效主要围绕公众可以感知感触的环境效果制定，这部分绩效要求可以被看作政府提供垃圾处理服务的显性绩效指标，影响垃圾处理服务供给绩效却未曾出现在政府制定的垃圾处理服务绩效指标体系中的其他内容则可被看作垃圾处理服务的隐性绩效指标。在垃圾处理PPP项目中，与政府供给模式下隐性绩效指标相关的很多事项需要由社会资本承担。所以，政府和社会资本协商PPP项目绩效指标体系时需要对这部分隐性绩效指标进行显化处理，甚至还需要根据社会经济发展对相关指标进行调整和完善，由此导致PPP垃圾处理服务绩效指标与政府供给模式下的垃圾处理服务绩效指标产生差异。

本章首先以《绩效管理操作指引》为基础梳理PPP模式下绩效目标、绩效指标体系构建和绩效评价共性指标框架基本要求，然后选择浙江省衢州市开化县城乡生活垃圾收集清运项目、江西省九江市湖口县城乡生活垃圾第三方治理PPP项目、贵州省安龙县城乡生活垃圾收运一体化及清扫保洁PPP项目、河北省唐山市乐亭县固废综合处理厂生活垃圾焚烧发电PPP项目和揭阳市绿源垃圾综合处理与资源利用厂项目等5个已经进入实施阶段的垃圾处理PPP项目对其绩效考核指标进行分析，最后对比分析PPP模式与政府供给模式下垃圾处理服务的绩效要求差异。通过上述分析可知，垃圾处理服务由政府供给模式转为PPP模式后，为了保护公众利益，政府供给模式下的隐性绩效要求需要显化为可被社会资本执行和政府监管的显性绩效要求。从上述六个案例来看，目前已经进入实施阶段的部分垃圾处理项目的绩效指标体系构建在体现《绩效管理操作指引》精神、保护公众利益方面虽然仍有不足，然而与传统政府供给模式下的垃圾处理服务绩效指标要求相比已经有了明显变化。所以，无论是从垃圾处理PPP项目绩效制定实务还是绩效指标体系构建政策导向来看，"假设2：PPP模式引入会改变垃圾处理服务绩效指标体系"都可被验证。

第六章　基于公众利益的垃圾处理PPP项目关键绩效指标关系分析

本章主要针对"假设3：垃圾处理PPP项目绩效关键指标相互影响"进行验证。本部分首先通过分析垃圾处理PPP项目中的利益相关者及公众利益，进而识别影响社会资本决策的关键绩效指标，然后以让·雅克·拉丰和让·梯诺尔（2014）在激励规制理论分析中采用的公共服务成本函数为基础，基于公众利益对垃圾处理PPP项目关键绩效指标关系进行实证分析，从而对"假设3：垃圾处理PPP项目绩效关键指标相互影响"进行验证。

第一节　基于公众利益的垃圾处理PPP项目关键绩效指标识别

一、垃圾处理PPP项目的利益相关者

垃圾处理PPP项目中的公共利益可看作项目可能涉及的所有社会成员的个体利益之和，即项目利益相关者的利益之总和。这样理解的话，垃圾处理PPP项目的利益相关者可能包括政府监管部门、项目实施部门、提供服务的社会资本、项目可能涉及的民众、项目雇佣的环卫工人、为项目提供融资的金融机构、项目在建设期的建筑机构、项目的设备或原材料供给部门等。一般来说，项目实施部门为原来负责生活垃圾处理服务的城建部门或者环卫部门，他们和政府监管部门都可以归属于政府部门。社会资本是生活垃圾处理服务的实际提供者。如果社会资本愿意参与PPP项目并与政府签订合约，一般认为社会资本是经过合理分析做出合乎自身利益的理性决策，政府也是经过认真测算后做出的合理抉择，双方都可以通过合同保障自身利益。

相比之下，项目可能涉及的民众对城市生活垃圾处理PPP项目缺乏关

注。对生活垃圾处理服务来说，老百姓关注的主要是自己生活活动区域的卫生状况，对于服务实际提供者、合同条款、服务供给模式、服务可能利润和服务监管等缺乏关注。在生活垃圾处理费采取固定收费模式的情况下，居民每个月缴纳固定的费用后即可享受相应的生活垃圾处理服务。由于生活节奏快，居民普遍缺乏关注PPP项目运营的时间和精力。此外，从实践来看，若非垃圾处理服务效果差到一定程度且让人难以忍受，居民是不会主动向相关政府部门投诉。垃圾处理PPP项目雇佣的环卫工人是服务的最终提供者，他们直接对生活垃圾进行处理。环卫工人通过提供环卫服务获得报酬，并通过雇佣合同得到相应保障。为项目提供融资的金融机构一般具有丰富的投资经验和完善的投资合同，由专业人员或者部门对风险进行控制。垃圾处理服务可能涉及的建筑项目主要是垃圾中转站修建。项目合同规定的建设期一般较短，通常为1年左右。垃圾中转站的修建难度不高，承建方一般都能按照要求顺利修建，因垃圾中转站修建而引起纠纷的案例并不多见。能够在PPP项目竞标过程中脱颖而出获得合约的社会资本，一般都具有丰富的生活垃圾处理经验，对于生活垃圾处理设备或原材料市场并不陌生。即便生活垃圾处理设备或原材料供给商具有信息优势，考虑到持续合作的可能性，供应商和社会资本仍能签订较为公平的合约。

　　垃圾处理PPP项目的利益相关者虽然多，但除了作为消费者的居民外，其余的利益相关者都能够在生活垃圾处理PPP项目中通过各类合同对自身利益进行保障：政府和社会资本之间会签署项目合同，社会资本和环卫工人之间会签署雇佣合同，社会资本和金融机构之间会签订融资合同，社会资本和建筑商之间会签订建筑合同，社会资本和设备材料供应商之间会签订供应合同。所以，在诸多利益相关者都可以通过合约对自身权益进行保障的情况下，特别需要重视的是在合约签订过程中容易被忽视的垃圾处理服务使用者或者垃圾处理过程中可能涉及的普通民众。其中，为了实现社会福利最大化，需要关注垃圾处理PPP项目涉及的消费者或居民的利益。基于此，后文提及垃圾处理PPP项目中的公众将以服务使用者为主要范畴。

二、垃圾处理PPP项目中的公众利益体现

　　本章所指垃圾处理PPP项目中的公众利益主要是普通民众在项目中的

相关利益。确切地说，这部分群体不仅包括PPP项目提供垃圾处理服务覆盖范围的消费者用户，还包括可能受服务影响的其他普通民众。对于服务消费者，其指代对象是明确的，一般是在合同约定的服务地域范围内生活或者工作的普通民众。服务可能影响的其他民众主要包括服务过程中受到影响的服务区域以外的民众。和服务消费者相比，这部分民众的涉及范围较为模糊。

如果某垃圾处理PPP项目涉及清运服务，其主要服务内容是将生活垃圾从居民点运送到中转站，然后再从垃圾中转站运送到终端处置点。垃圾中转站的修建位置、垃圾中转频率和垃圾中转技术选择等都会影响中转效果，进而影响中转站周边的居民生活。当垃圾离开中转站，由垃圾车运往垃圾处置地点时，垃圾运输车辆的密闭性会影响沿途的所有居民和行路人，运输路径可能会影响沿路交通状况。这部分沿途的居民和行路人，以及享受交通服务的人群，则较难确定。而且，这部分人群可能会发生变化，具有一定的模糊性。

如果垃圾处理PPP项目涉及终端焚烧服务，虽然项目合同中会对服务区域加以限定，但是其限定目的主要是明确用于焚烧的城市生活垃圾的来源。一般情况下，地方政府选址修建的垃圾焚烧地点都会远离居民区，在成熟技术的保障下，根据PPP项目的服务内容，在服务过程中社会资本和居民无需直接接触，只要项目正常运行，似乎不用考虑周边居民的态度。但是，从现实情况来看，出于对焚烧项目在运营过程中可能产生的外部性考虑，多地在修建垃圾焚烧场时都会受到周边居民的强烈反对，最终使得垃圾焚烧项目建设推迟、选址更改甚至项目搁浅。这部分居民成为垃圾处理PPP项目实际意义的利益相关者，为了项目顺利实施，其诉求需要考虑。

目前，需要从哪些方面保障PPP项目中的公众利益，尚未出台明确的法律法规。由于垃圾处理服务属于公共服务，下面将借鉴与公共服务相关的文件精神进行阐述。

借鉴《国务院办公厅关于简化优化公共服务流程方便基层群众办事创业的通知》（国办发〔2015〕86号），为了提升公共服务水平和群众满意度，需要从服务便民利民、办事依法依规、信息公开透明和数据开放共享四个方面加以重视。如果将这四个要求和城市生活垃圾处理PPP项目结合，那么为了提升公众满意度，在服务便民利民方面应该明确城市生活垃圾服务标准，提高城市生活垃圾处理服务质量。办事依法依规方面，应该严格遵循垃圾处理服务和PPP项目相关法律法规，善于运用法治思维和法治方式，规范城市生活垃圾处理PPP项目招投标程序，限制地方政府或者项目实施机构的自由裁量权，维护群众合法权益，推进城市生活垃圾处理PPP项目运营制度化、规范化。信息公开透明方面，应全面公开城市生活垃圾处理PPP项目招投标和运营信息，实现PPP项目运作全过程公开透明、可追溯、可核查，切实保障群众的知情权、参与权和监督权。在数据开放共享方面，应加快推进"互联网+公共服务"，运用大数据等现代信息技术，强化部门协同联动，打破信息孤岛，推动城市生活垃圾处理PPP项目信息互联互通、开放共享，提升城市生活垃圾处理服务整体效能。

2018年7月6日，中央全面深化改革委员会第三次会议审议通过了《关于建立健全基本公共服务标准体系的指导意见》（简称《指导意见》）。随后，中共中央办公厅、国务院办公厅印发了《指导意见》，并发出通知，要求各地区各部门结合实际认真贯彻落实。

《指导意见》提出了4个方面的重点任务：一是完善各级各类基本公共服务标准；二是明确国家基本公共服务质量要求；三是合理划分基本公共服务支出责任；四是创新基本公共服务标准实施机制。借鉴《指导意见》对于重点任务的划分，结合城市生活垃圾处理服务的实践情况，应该制定适宜城乡统筹发展、协调区域社会经济发展的城市生活垃圾处理服务绩效标准，明确政府对于生活垃圾处理的兜底职能，及时公开与PPP项目关联的财政支出信息和生活垃圾处理专项经费收支信息，促进标准信息公开共享，开展标准实施监测预警，推动标准水平动态有序调整，加强实施结果反馈利用。《指导意见》中指出，应该从解决人民群众最关心最直接最现实的利益问题入手，以兜住底线，引导预期；统筹资源，促进均等；政府主责，共享发展；完善制度，改革创新等四个方面为指导思想，构建与经济社会发展水平相适应的公共服务体系。虽然城市生活垃圾处理服务不属于基本公共服务，但是提供基本公共服务的指导思想仍然可以为城市生活垃圾处理服务所借鉴。在"兜住底线，引导预期"方面，地方政府应该根据财政支付能力和居民环境行为，合理引导社会的城市生活垃圾处理服务绩效预期，尽力量力确保服务持续供给。"统筹资源，促进均等"方面，地方政府或者项目实施单位应该统筹运用各领域各层级公共资源，推进垃圾桶投放点、中转站修建地点和终端处置地点的科学布局，均衡资源配置和优化整合。"政府主责，共享发展"方面，地方政府应划清政府与市场界限，与社会资本合理分担城市生活垃圾处理PPP项目风险，增强政府基本公共服务职责，强化城市生活垃圾处理财政保障和监督问责，提升政府信用，吸引社会资本参与城市生活垃圾处理服务供给。"完善制度，改革创新"方面，应尽快消除体制机制障碍，深化政府和社会资本合作，提升城市生活垃圾处理服务质量、效益和群众满意度。

综上所述，为了保障公众利益，在绩效指标制定时可以从以下几个方面加强垃圾处理PPP项目管理：

（1）信息公开。

与垃圾处理PPP项目相关的项目费用支出信息、技术信息、运营信息、财政支出信息、监管信息、意见反馈信息都应及时公开，以此保障公众在PPP项目中的知情权。公开的部门不限于社会资本，也可以包括政府相关实施机构或职能部门。信息应具有统一的信息结构，可借助统一的信息平台向公众公开。

（2）财务控制。

排除少数使用者付费的PPP项目，垃圾处理服务费由居民缴纳的城市生活垃圾处理费和财政收入共同支付。虽然项目曾经通过物有所值评估，但是实际运营和最初的估算难免存在差异，为了提高资金使用效率，应该加强PPP项目支出绩效监管。对项目交易成本、建设成本和运营成本实时监督，杜绝浪费。

（3）服务效果要求提升和指标统一。

伴随人们物质生活条件改善，对环境产品的品质要求也会逐渐提升。所以，需要制定合理的服务效果标准，并随着人们对生活环境要求提升而动态调整。此标准不低于国家相关技术要求。服务效果标准可结合地方社会经济发展情况适当提高，并根据项目实施情况动态调整。在同一区域，尽量制定相同的服务效果标准。统一服务效果标准不仅可以降低政府和社会资本的交易成本，还可以方便项目监督管理。

服务效果标准制定除了充分考虑公众意见，还可以考虑依靠提升产业水平来实现服务效果提升。促进垃圾处理产业发展需要提升服务供给的机械化水平。制定绩效服务指标时可以在PPP项目合同中约定机械化作业的服务比重和范围，并根据基础设施条件变化逐步调整。同时，垃圾处理产业属于劳动密集型产业，可以吸纳大量的劳动力。垃圾处理服务机械化水平的提升可能对垃圾处理服务从业人员就业造成影响。因此，在提升产业水平的同时，还需要注重保障就业稳定，要求社会资本为原有的从业人员提供培训，提升服务效果的同时实现就业均衡。

（4）公众参与绩效监管。

作为项目监督部门的政府一般人员有限，难以实时监控项目的绩效实况。由于服务绩效评价结果会影响社会资本的服务收入和政府的费用支出，所以政府可以调动社会公众积极性，鼓励公众参与服务绩效监督，充分发挥社会公众在垃圾处理服务绩效监管中的能动作用。

三、基于公众利益的影响社会资本决策关键绩效指标

当政府选择PPP模式由社会资本直接向公众提供公共服务时，即便对社会资本进行严格监管，由于不可能实时监控社会资本供给决策，政府在合作中仍然处于信息劣势的位置。在让·雅克·拉丰和让·梯诺尔的激励规制理论分析中，二位学者以政府和企业之间的信息不对称为基本条件，企业在非负效用条件下持续供给服务为假设，讨论社会福利最大化条件下激励企业提升服务绩效的约束条件。其中，社会福利是公众福利和企业福利之和。当政府通过规制对企业福利进行控制以实现公共服务非营利性时，社会福利实现最大化时也是公众福利的最佳水平。根据让·雅克·拉丰和让·梯诺尔的分析，如果由企业替代政府向消费者提供产品，影响企业决策最重要的指标分别是项目服务成本、服务质量、服务数量、社会资本努力和技术效率水平。如果将激励规制理论中的企业和PPP模式中的社会资本联系，二位学者分析的服务模式与中国目前推行的PPP项目内涵都是由政府和社会资本合作向公众提供产品和服务，对企业实施激励规制目的和推行PPP模式初衷都是提升服务绩效、保障服务持续供给和非营利特征。此外，激励规制理论分析思路抽象而凝练，只关注影响社会资本决策的关

键绩效指标，并没有涉及具体国家或行业的制度规则。所以，我们可以借鉴激励规制理论分析的基本思路并融入中国情境下的垃圾处理PPP项目服务特点对社会资本进行激励规制分析，以探讨社会福利最大化条件下社会资本的行为机理。

根据上文分析，除了通过对《绩效管理操作指引》中提及的产出、效果和管理进行控制外，可通过信息公开、财务控制、服务效果提升、公共参与等方式对垃圾处理PPP项目中公众利益实施保护。上述绩效指标都可以看作社会资本决策结果的外在表现。根据激励规制理论，影响社会资本的关键绩效指标是服务成本、服务质量、服务数量、社会资本努力和技术效率水平。为了保护公众利益而实现的各种绩效指标要求最终都会体现在影响社会资本决策的关键绩效指标变化上。例如，在垃圾处理服务中，财务控制效果提升可能反映为服务成本降低，信息公开可能导致社会资本努力提升或服务成本增加，服务效果也可能影响服务数量变化。反言之，服务成本增加可能由于信息公开或者公众参与导致，社会资本努力水平增加可能最终影响财务控制效果或服务效果。所以，可将影响社会资本决策的服务成本、服务质量、服务数量、社会资本努力和技术效率水平识别为影响服务绩效水平的关键指标。

为了基于公众利益制定合理的绩效指标体系，从社会资本决策的角度来看，首先需要识别影响社会资本绩效决策的关键指标，然后寻找其绩效提升行为边界，以刻画绩效指标制定空间。基于此，在识别影响垃圾处理服务绩效水平关键绩效指标的基础上，需要进一步探索各关键绩效指标之间的关系。所以，下文将以让·雅克·拉丰和让·梯诺尔的激励规制理论为基础，在中国情景下讨论影响社会资本决策的垃圾处理PPP项目关键绩效指标之间的关系。

第二节 理论模型和研究假设

垃圾处理PPP项目服务绩效代表社会资本向公众提供垃圾处理服务的最终表现。从项目管理视角来看，社会资本通过组织和管理资源为公众提供垃圾处理服务。一般项目管理要素是时间、成本和质量，即为了完成既定任务目标，时间、成本和质量之间会呈现出相互牵制的关系，时间增加可能带来成本或质量增加，质量增加可能导致成本增加，有效的项目管理需要对要素进行合理均衡才可实现。将项目管理要素限定在时间、成本和质量时，如果既定任务目标可以理解为进行项目管理之前已经明确且固定的服务数量，那么项目管理目的是在时间、成本和质量的最佳组合之下完成既定服务数量。如果服务数量在项目持续期间发生变化，那么有效项目管理需要重视的要素调整为服务数量、服务时间、服务质量和服务成本。对垃圾处理 PPP 项目而言，项目合同中不仅对项目持续的期限进行了限定，一般还会要求垃圾清运日清日结。所以，可认为对垃圾处理 PPP 项目进行管理时，时间因素已经进行了限定，可控因素调整为服务数量、服务质量和服务成本。

在垃圾处理服务中，可以用需要清扫的面积、需要运输的垃圾数量、需要填埋或焚烧的垃圾数量描述服务数量。以垃圾运输为例，如果清扫面积或垃圾数量增加，按照城市生活垃圾管理中日清日结的要求，投入的环卫工人或清运车辆需要相应增多，即成本增加。如果保持环卫工人或是设备数量不变，即服务成本不变，所需要清运的垃圾数量增加，则可能出现清运车辆超载，运输过程中的垃圾泄漏和气味散逸等情况加重，服务质量下降。据此提出下列假设：

H1：服务数量对服务成本产生显著影响。

H2：服务质量对服务成本产生显著影响。

H3：服务数量对服务质量产生显著影响。

内生增长理论认为技术进步是宏观经济层面促使经济持续增长的决定因素。在公共服务中，根据让·雅克·拉丰和让·梯诺尔（2017）的激励规制理论，技术效率水平变化是推动服务供给结构和规制产生变化的重要因素。在垃圾处理服务中，技术效率水平的提高主要借助增加先进机器设备投入来实现，通常可能促进产业水平提升。机器设备投入一般会导致服务成本增加，在保持其他投入不发生变化的情况下，技术效率水平提升可能导致服务成本增加。技术效率水平提升后，对垃圾处理服务从业人员的需求可能减少，由此造成的人工费用节约可能导致服务成本降低。例如，与垃圾清扫、收集和运输有关的车辆、器械或设备，如城市道路清扫车、垃圾转运车、垃圾分类压缩车、垃圾收集容器等投入虽然需要大量资金，但是能够显著提升城市生活垃圾的清运能力和无害化处理能力，还可能节约劳动力投入（刘承毅，2014）。此外，技术效率水平和服务质量提升都可能增加服务成本，但是技术效率水平和服务质量同时提升却不一定会导致服务成本大幅度上升，技术效率水平提升可能通过降低服务质量提升难度而使得服务成本增幅变得平缓。与此相似，技术效率水平提升也可能降低服务数量增加的难度，从而对服务成本产生影响。据此假设：

H4：技术效率水平对服务成本产生显著影响。

H5：技术效率水平对服务数量产生显著影响。

H6：技术效率水平对服务质量产生显著影响。

如果社会资本在直接向公众提供服务的过程中可以利用拥有的关于服务技术的私人信息控制自身工作效率，影响服务数量和服务质量，那么服务成本可发生变化。同时，由于政府很难精准观察到社会资本的工作时间、工作强度及商业决策动机，那么也就无法掌握社会资本降低成本的活动。社会资本则可以通过控制自身工作强度和设备购买行为调节服务数量和服务质量，影响服务成本。据此提出下列假设：

H7：社会资本努力对服务成本产生显著影响。

H8：社会资本努力对技术效率水平产生显著影响。

H9：社会资本努力对服务数量产生显著影响。

H10：社会资本努力对服务质量产生显著影响。

根据上述分析，得到服务数量、服务质量、社会资本努力、技术效率水平和服务成本之间的关系如图6.1所示。

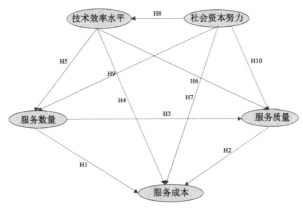

图6.1　概念模型

第三节　问卷设计

为了探索垃圾处理PPP项目的关键绩效指标服务数量、服务质量、技术效率水平、社会资本努力和服务成本之间的关系，本研究将针对垃圾处理从业人员进行问卷调研以获取信息。所以，问卷设计主要包括两个部分：一是被调研者的基本信息，包括性别、婚姻状况、年龄、学历、月收入、工作年限等；二是针对垃圾处理PPP项目关键绩效指标设计的相关题项。

一、服务成本

按照项目财务管理的一般做法，垃圾处理PPP项目服务成本可划分为项目运营成本和期间费用两个部分，进行项目服务成本预算时，可以按照运营成本的一定比例计提期间费用。所以，为了简化讨论，可以通过测算运营成本进而估算垃圾处理PPP项目服务成本。考虑到项目运营过程中的物料投入，可以将运营成本分解为人工数量、材料数量和设备数量三项。其中，人工数量代表垃圾处理PPP项目为了服务供给招聘的员工数目；材料数量代表垃圾处理PPP项目实施服务供给购买的材料数量；设备数量代表垃圾处理PPP项目实施服务供给购买的设备数量。

二、服务数量

垃圾处理服务中服务数量代表社会资本提供的垃圾处理服务总量。在项目合同中，服务数量估算是计算服务价格的关键，通常用待处理的垃圾总量或者清扫面积来衡量。待处理垃圾总量越多，需要清扫的区域面积越大，则社会资本需要提供的垃圾处理服务数量也越多。

因为社会资本和政府都会根据社会经济发展对需要处理的垃圾总量和清扫面积进行测算，即便预计的服务数量和项目运营时的实际情况存在一定差异，政企双方同意签订合约时即代表对于服务数量的确定及计算分歧已经得到了弥合。由于垃圾处理服务从业人员的实际任务即处理垃圾，所以待处理垃圾数量的真实变化情况最早会被这个群体感知。本章研究问卷调研对象主要是垃圾处理从业人员，对他们来说，服务数量变化可理解为从事垃圾处理工作时感知的待处理垃圾或清扫总量的变化。当服务数量增加时,垃圾处理从业人员的直观感受可能是他们需要提供服务的实际时间长度发生了变化。一般情况下,垃圾处理从业人员的工作时间长度是固定的。例如,负责道路清扫的垃圾处理从业人员每天工作时间可能是从早上8点到中午12点,在工作时间内他们需要负责一定区域的路面清洁维护。实际工作中,他们并不需要分秒不歇地清扫路面,而是根据路面的卫生情况间断式地提供服务。当路面卫生维持效果比较好时,垃圾处理从业人员休息停歇的时间会比较多。如果路面卫生比较差,他们就需要减少休息间隔时间,反复对路面进行清扫。清扫时间越长,代表提供的实际服务越多。所以,将服务时间理解为垃圾处理从业人员实际清扫路面或者处理垃圾的时间,则可以用提供服务的时间长度来衡量垃圾处理服务数量。

此外,不同类型区域的人流量存在差异,最终需要处理的垃圾数量也会有所不同。比如,由于人口密度不同,楼梯房、半分离房屋、独栋房屋和房屋群等不同类型的房屋产生的垃圾数量就存在显著差异。所以,可以认为区域内的人口密度影响服务数量。从而,"服务数量"可设置"服务区域"和"服务时间"两个分解指标。其中,"服务区域"对应题项"服务区域的热闹程度(人流量和车流量变化)","服务时间"指标下的对应题项"每天的实际作业时间"。此外,由于垃圾处理服务中日清日结的规定,经常需要对同一垃圾点进行多次服务。所以,"服务数量"还可设置第三个分解指标"服务频次",其对应题项"同一垃圾点的服务频次"。

三、服务质量

在垃圾处理服务中,服务质量可以理解为居民对便利性和舒适性要求的满足,具体体现为垃圾处理服务的护理效果和可靠性,垃圾处理人员的清洁、安静和礼貌等态度。据此设置"服务效果"和"服务态度"两个分解指标,"服务效果"对应题项"所负责区域内的卫生清洁情况"。在中国,新闻媒体曾多次报道垃圾处理从业人员和居民之间的冲突,考虑到问卷主要针对环卫工作人员进行调研,如果直接询问工作态度,未必能够得到真实结果。还考虑到工作时的情绪直接影响工作态度,所以将"服务态度"具体的题项调整为"工作时的心情"。此外,由于服务质量还会受垃圾处理人员资质影响，据此设置第三个分解指标"服务资质"，对应题项"上级审查员工上岗资质的严格程度"。

四、社会资本努力

让·雅克·拉丰和让·梯诺尔（2014）认为社会资本努力可以体现为物资的采购效率、管理层的工作强度和生产材料的投入效率，据此设置三个分解指标："采购效率"对应题项"单位购买的材料和设备经济性"；"工作强度"对应题项"领导检查基层工作的频率"；"投入效率"主要考察物资的使用情况，对应题项"单位生产材料的支取制度"。

五、技术效率水平

垃圾处理技术效率水平可以通过处理技术和设备来体现。Kirama A. 和 Mayo A. W.（2016）在分析坦桑尼亚城市 Dar Es Salaam 的垃圾处理 PPP 项目时，用设备的机械化程度来代表处理设备的技术水平。所以，设置分解指标"技术水平"。考虑到中国的垃圾处理设备发展状况和对信息技术的使用，"技术水平"对应题项"现在正在使用的设备的智能化程度"。此外，由于收运过程中的垃圾泄漏、臭味扩散等原因，不仅给居民生活带来了困扰，影响市容市貌，还容易滋生细菌，导致二次污染。所以，在《城市市容和环境卫生管理条例》中，要求垃圾通道和贮存设施应该保持密闭，并对垃圾收运设备的密闭性作出了要求，据此设置分解指标"密闭水平"，对应题项"现在使用的设备的密闭性"。技术水平提升后的设备运用于垃圾处理需要相应的实现条件，设置分解指标"技术实现"，主要考察对人员的培训，对应题项"员工接受技术方面的培训频率"。问卷设计的题项和选项赋值如表6.1所示（针对环卫工作人员的调研问卷详见附录）。

表6.1　变量含义及其赋值

潜在变量	可观测变量		
	分解指标	测量题项	变量赋值
服务成本（C）	人工数量（C1）	单位招聘的员工数量	减少很多=1,减少点=2,不变=3,增加点=4,增加很多=5
	材料数量（C2）	单位购买的材料数量	
	设备数量（C3）	单位投入的机器设备数量	

潜在变量	可观测变量		
	分解指标	测量题项	变量赋值
服务数量 （N）	服务区域（N1）	服务区域的热闹程度	冷清很多=1,冷清点=2,不变= 3,热闹点=4,热闹很多=5
	服务时间（N2）	每天的实际作业时间	减少很多=1,减少点=2,不变= 3,增加点=4,增加很多=5
	服务频次（N3）	同一垃圾点的服务频次	
服务质量 （Q）	服务效果（Q1）	所负责区域内的卫生清洁情况	差很多=1,差一点=2,不变=3, 好一点=4,好很多=5
	服务态度（Q2）	工作时的心情	
	服务资质（Q3）	上级审查员工上岗资质的严格 程度	非常宽松=1,较宽松=2,不变= 3,较严格=4,非常严格=5
社会资本 努力（E）	采购效率（E1）	单位购买的材料和设备经济性	更不划算=1,较不划算=2,不变 =3,较划算=4,更划算=5
	工作强度（E2）	领导检查基层工作的频率	减少很多=1,减少点=2,不变= 3,增加点=4,增加很多=5
	投入效率（E3）	单位生产材料的支取制度	特别宽松=1,宽松=2,不变=3, 较严格=4,特别严格=5
技术效率 水平（T）	技术水平（T1）	现在正在使用的设备的智能化 程度	降低很多=1,降低点=2,不变= 3,提高点=4,提高很多=5
	密闭水平（T2）	现在使用的设备的密闭性	
	技术实现（T3）	员工接受技术方面的培训频率	减少很多=1,减少点=2,不变= 3,增加点=4,增加很多=5

第四节　数据来源

　　研究选择南昌市红谷滩新区、经济技术开发区和新建区的环卫工人进行调研。原因有四点：首先，这三个区域分别是新近开发城区、工业园区和传统老城区，涵盖规模大小不一的商业区、街坊型居民区、普通商品房小区、新近划归城市管理的农村小区和工业企业居民生活区，有利于反映不同场景下的生活垃圾清扫服务。其次，受近年来城镇化进程推进、城市规划和产业结构调整影响，区域内同时存在局部人口密集度增加和降低的情况，有利于呈现生活垃圾清扫服务的变化。再次，三个区域自 2014 年以来逐渐由专业企业向公众提供城市生活垃圾清运服务，与本研究推广 PPP

模式的背景一致。最后,三个区域在地理上相连,可为调研提供便利条件。本章研究中以三个区域的主干道为中心向支路辐射,对沿路的环卫工人进行随机访问,除了就问卷的题项选项进行必要解释外,尽量与环卫工人进行友好交流,以获得真实客观的调研信息。调研时间是2019年7月13日至2019年11月30日,共发放问卷503份,剔除信息缺失问卷118份,总共回收有效问卷385份,有效率为76.54%。本研究共使用15个题项对5个潜在变量进行测度,有效样本数量符合结构方程模型分析要求。参与调研的环卫工人人口统计信息如表6.2所示。

表6.2 人口统计信息

属 性	信 息	人 数	比 例	属 性	信 息	人 数	比 例
性 别	男	133	34.5%	婚 姻	未婚或者单身	45	11.7%
	女	252	65.5%		已婚	340	88.3%
年 龄	30岁以下	0	0	收 入	2 000元以下	57	14.8%
	30—39岁	16	4.2%		2 000—3 999元	218	56.6%
	40—49岁	64	16.6%		4 000—4 999元	46	12%
	50—59岁	220	57.1%		6 000元及以上	64	16.6%
	60岁及以上	85	22.1%	工作年限	1年以下	81	21%
学 历	未曾上过学	73	19%		2年	172	44.7%
	小学	280	72.7%		3年	69	17.9%
	初中	31	8.0%		4年	43	11.2%
	高中	1	0.3%		4年以上	20	5.2%
	大专以上	0	0	共 计	—	385	—

第五节 模型拟合和估计结果

一、探索性因子分析

为了保障测量量表的信度和效度,运用SPSS 17.0采用主成分分析法进行因子分解,选择最大方差法进行旋转。对数据进行KMO和Bartlett检验,结果显示,KMO值为0.702,Bartlett球形度检验的显著性水平为0.000,详情如表6.3所示。

表6.3 KMO 和 Bartlett 的检验

取样足够度的 Kaiser-Meyer-Olkin 度量		0.702
Bartlett 的球形度检验	近似卡方	1 253.643
	df	105
	Sig.	0.000

所有指标提取出5个公因子，公因子方差详情如表6.4所示。

表6.4 公因子方差

变 量	初始变量的共同度	提取变量共同度的取值
T1	1	0.710
T2	1	0.733
T3	1	0.534
E1	1	0.643
E2	1	0.664
E3	1	0.635
N1	1	0.657
N2	1	0.632
N3	1	0.643
Q1	1	0.625
Q2	1	0.659
Q3	1	0.612
C1	1	0.679
C2	1	0.597
C3	1	0.632
提取方法:主成分分析法。共同度取值区间为[0,1]。		

指标提取的公因子与潜变量对应用于测量的题项划分一致，成分矩阵和旋转成分矩阵如表6.5和表6.6所示，总共解释64.37%的总方差如表6.7，成分转换矩阵如表6.8，碎石图如图6.2。各测量项在其相关联的变量上的因子负荷值大于0.5，可用于进一步分析。据此构建结构方程模型如图6.3所示。

表 6.5 成分矩阵(a)

变 量	成 分				
	1	2	3	4	5
TL1	0.505	−0.453	0.026	0.263	0.423
TL2	0.501	−0.541	0.043	0.195	0.386
TL3	0.451	−0.434	−0.017	0.306	0.220
SE1	0.492	−0.057	−0.161	−0.594	0.136
SE2	0.585	−0.032	−0.073	−0.561	0.007
SE3	0.452	0.068	−0.061	−0.648	−0.054
SN1	0.352	0.632	0.000	0.152	0.332
SN2	0.223	0.676	0.037	0.158	0.315
SN3	0.238	0.694	−0.041	0.115	0.299
SQ1	0.291	0.051	0.690	0.046	−0.243
SQ2	0.237	0.035	0.744	0.105	−0.194
SQ3	0.333	0.061	0.693	−0.087	−0.098
C1	0.576	0.034	−0.264	0.226	−0.475
C2	0.465	0.109	−0.405	0.237	−0.385
C3	0.563	0.104	−0.255	0.318	−0.371
提取方法:主成分分析法。					
a. 已提取了 5 个成分。					

表 6.6 旋转成分矩阵(a)

变 量	成 分				
	1	2	3	4	5
TL1	0.837	0.068	0.031	0.049	0.039
TL2	0.842	0.119	−0.072	0.030	0.056
TL3	0.704	−0.002	−0.059	0.183	0.042
SE1	0.140	0.786	0.042	0.026	−0.061
SE2	0.118	0.789	0.031	0.139	0.085
SE3	−0.070	0.786	0.028	0.078	0.076
SN1	0.043	0.069	0.799	0.101	0.054
SN2	−0.054	−0.010	0.790	0.033	0.057
SN3	−0.082	0.042	0.793	0.068	−0.005

变 量	成 分				
	1	2	3	4	5
SQ1	0.019	0.016	0.012	0.064	0.788
SQ2	0.049	−0.066	0.020	0.002	0.807
SQ3	0.065	0.156	0.077	−0.053	0.758
C1	0.091	0.122	0.004	0.806	0.074
C2	0.040	0.076	0.080	0.756	−0.108
C3	0.132	0.041	0.126	0.771	0.056
提取方法:主成分分析法。					
旋转法:具有 Kaiser 标准化的正交旋转法。					
a. 旋转在 5 次迭代后收敛。					

表 6.7　解释的总方差

成 分	合 计	初始特征值		提取平方和载入			旋转平方和载入		
		方差的%	累积%	合计	方差的%	累积%	合计	方差的%	累积 %
1	2.847	18.977	18.977	2.847	18.977	18.977	1.990	13.266	13.266
2	2.066	13.771	32.748	2.066	13.771	32.748	1.934	12.895	26.161
3	1.849	12.324	45.072	1.849	12.324	45.072	1.934	12.892	39.053
4	1.58	10.531	55.604	1.580	10.531	55.604	1.901	12.676	51.729
5	1.315	8.766	64.37	1.315	8.766	64.370	1.896	12.641	64.370
6	0.703	4.686	69.056						
7	0.632	4.210	73.266						
8	0.611	4.073	77.339						
9	0.582	3.877	81.216						
10	0.556	3.706	84.922						
11	0.522	3.479	88.401						
12	0.497	3.311	91.712						
13	0.439	2.923	94.636						
14	0.422	2.815	97.451						
15	0.382	2.549	100						
提取方法:主成分分析法。									

表6.8　成分转换矩阵

成　分	1	2	3	4	5
1	0.505	0.526	0.279	0.549	0.298
2	−0.579	−0.01	0.807	0.099	0.058
3	0.022	−0.125	−0.003	−0.394	0.91
4	0.353	−0.839	0.195	0.363	0.034
5	0.534	0.051	0.482	−0.634	−0.279
提取方法:主成分分析法。					
旋转法:具有Kaiser标准化的正交旋转法。					

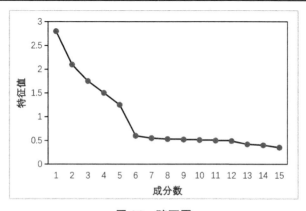

图6.2　碎石图

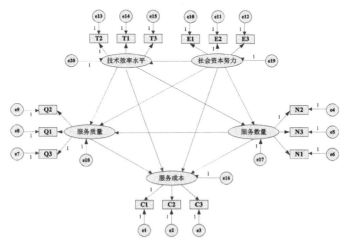

图6.3　结构方程模型

二、信度和效度检验

运用SPSS 17.0计算测量题项的Cronbach a，测量潜变量内部结构的一致性，选择信度指标（C.R.）和可解释方差百分比（AVE）检验模型的收敛效度，结果如表6.9所示。从计算结果来看，除了"服务质量"略低于0.7外，其他变量的Cronbach a都大于0.7；模型的C.R.大于0.6，AVE大于0.5。此外，各潜变量之间的相关系数均小于相应的AVE平方根，说明各变量具有良好的区分效度（见表6.10）。所以，测量模型的信度和效度通过检验，可以进一步检验模型。

表6.9　测量模型信度和效度分析

变　量	项目代码	Cronbach a	因子载荷	C.R.	AVE
服务成本（C）	C1	0.705	0.709	0.824	0.610
	C2		0.596		
	C3		0.694		
服务数量（N）	N1	0.716	0.704	0.842	0.640
	N2		0.649		
	N3		0.684		
服务质量（Q）	Q1	0.698	0.663	0.806	0.580
	Q2		0.672		
	Q3		0.646		
社会资本努力（E）	E1	0.714	0.638	0.837	0.634
	E2		0.770		
	E3		0.612		
技术效率水平（T）	T1	0.734	0.730	0.857	0.671
	T2		0.811		
	T3		0.548		

表6.10　相关系数矩阵与AVE平方根

	C	N	Q	E	T
C	0.78				
N	0.23	0.80			
Q	0.05	0.13	0.76		
E	0.30	0.13	0.06	0.80	
T	0.27	−0.90	0.16	0.25	0.82

注：非对角线上的数据表示变量的相关系数，对角线上的数据表示AVE平方根。

三、模型检验

使用AMOS 17.0对模型进行检验，选择绝对拟合指标和相对拟合指标对模型与数据的适配程度进行判断，结果如表6.11所示（其他相关计算结果详见附录）。

表6.11　模型适配检验

	指　　数	评价标准	检验结果	适配判断
绝对拟合指标	卡方/df	<2	1.08	适配
	GFI	>0.9	0.971	适配
	RMR	<0.05	0.019	适配
	RMSEA		0.015	适配
相对拟合指标	NFI	>0.9	0.93	适配
	TLI		0.99	适配
	CFI		0.99	适配

选择极大似然估计法对结构模型变量之间的关系进行验证，进而检验本书提出的研究假设，验证结果如表6.12所示。

表6.12　模型的假设检验结果

研究假设	回归估计值	标准化回归系数（S.E.）	P	接受/拒绝
H1:服务成本<---服务数量	0.296	0.095	0.002	接受
H2:服务成本<---服务质量	−0.033	0.078	0.667	拒绝
H3:服务质量<---服务数量	0.147	0.088	0.095	接受

研究假设	回归估计值	标准化回归系数(S.E.)	P	接受/拒绝
H7:服务成本<---社会资本努力	0.201	0.069	0.004	接受
H9:服务数量<---社会资本努力	0.116	0.054	0.031	接受
H10:服务质量<---社会资本努力	0.070	0.064	0.276	拒绝
H8:技术效率水平<---社会资本努力	0.280	0.078	***	接受
H4:服务成本<---技术效率水平	0.194	0.06	0.001	接受
H5:服务数量<---技术效率水平	−0.080	0.046	0.079	接受
H6:服务质量<---技术效率水平	0.108	0.056	0.052	接受
注:***P<0.001,如果P大于0.1,则拒绝。				

由此可知,"服务质量"对"服务成本"的影响和"社会资本努力"对"服务质量"的影响没有通过检验。各因素对"服务成本"的直接效应、间接效应和总效应如表6.13所示。

表6.13　各因素对服务成本的影响

变　量	直接效应	间接效应	总效应
服务数量	0.296	−0.005	0.291
社会资本努力	0.201	0.070	0.279
技术效率水平	0.194	−0.027	0.167

小　结

让·雅克·拉丰和让·梯诺尔的激励规制理论分析只是对服务质量、服务数量、技术效率水平和社会资本努力等四个绩效指标变量与服务成本之间的关系进行了基本分析,认为社会资本努力增加会导致服务成本降低,服务质量、服务数量增加会导致服务成本相应增加,对各变量之间的彼此关系却未详细讨论。从上述实证分析可知,根据调研区域的数据特征,在垃圾处理服务中,社会资本提供垃圾处理服务的服务质量、服务数量、服务成本、技术效率水平以及社会资本努力之间存在错综复杂的关系。其中,技术效率水平的提升可能对服务成本和服务质量有直接的增加效应,也可通过减少服务数量而对服务成本产生间接的降低效应，服务数量增加会直接导致服务成本增加和服务质量提升，社会资本努力增加不仅会带来技术效率水平的提升和服务数量的增加还可能导致服务成本增加。所以，假设3得到验证。

由于调研区域的范围有限，部分结论与让·雅克·拉丰和让·梯诺尔的激励规制理论分析结果存在差异。与本章分析结果不同，二位学者认为技术效率水平提升会导致服务成本降低。这种情况的出现可能是因为二位学者的分析对象是社会资本替代政府提供服务的整个产业，但本章调研数据只涉及垃圾处理产业的一部分，且调研区域的垃圾处理产业水平因PPP模式实施而得到有效提升，由此导致技术效率水平对服务成本的正向作用。同样，激励规制理论中服务质量和服务成本之间的关系在本次调研中也未得到验证。对单个垃圾处理PPP项目而言，当社会资本提供的服务质量达到PPP合同约定的要求后，按照合约协定，社会资本已经可以得到相应的服务收入。即便社会资本因服务质量进一步提升而投入更多成本，也不会因此而获得更多的收入。社会资本倾向于维持原状而非通过服务成本增加而继续提升服务质量。实证调研区域的垃圾处理服务正好属于这种情况，社会资本已经替代政府向公众提供了一段时间的服务且达到合同约定的质量要求，但他们缺乏额外的动力进一步提升服务质量，也不会再增加服务成本。所以，实证研究中服务质量和服务成本之间的关系与激励规制理论存在差异。

结合本次实证分析结论和让·雅克·拉丰与让·梯诺尔的激励规制理论分析结果，垃圾处理PPP项目中影响社会资本决策的关键绩效因素相互影响且彼此牵制关联，"假设3：垃圾处理PPP项目绩效关键指标相互影响"得到验证。如果在制定绩效指标的时候只是对某个方面进行限定或者孤立考察各关键绩效指标，则可能因为忽略指标之间的互动变化而在项目执行后的绩效考核中处于被动地位。

第七章 基于公众利益的垃圾处理PPP项目绩效指标制定边界分析

本章主要针对"假设4：基于公众利益实现最优垃圾处理PPP项目绩效激励规制时的关键绩效指标存在变动边界"进行验证。由于垃圾处理PPP项目关键绩效指标之间相互影响牵制，为了进一步挖掘关键绩效指标之间的互动关系，完善垃圾处理PPP项目绩效指标制定思路，可以借鉴让·雅克·拉丰和让·梯诺尔的激励规制理论进行绩效激励规制分析，从而探索关键绩效指标变量之间的变化边界。

第一节 前提假设

让·雅克·拉丰和让·梯诺尔在激励规制理论分析中以政府和社会资本信息不对称、社会资本只关心收入和努力、政府是善意规制者和公共资金具有影子成本为基本前提假设。根据二位学者对经验品和搜寻品的分析，垃圾处理服务属于经验品，其激励规制分析应满足经验品的基本特征要求。在中国，垃圾处理服务须满足持续供给要求。此外，本节仅针对政府付费模式下的垃圾处理PPP项目进行分析。据此提出7个研究前提假设，具体如下。

（1）政府和社会资本信息不对称假设。

在垃圾处理PPP项目中，政府和社会资本之间所拥有的信息是不对称的。政府可通过行使其监督职能获取社会资本相关会计信息，社会资本也有义务根据政府监管需要向其提供相关信息。即便如此，政府仍然不能完全掌握社会资本在垃圾处理PPP项目运营中的技术效率水平、努力程度、决策动机和效果细节。相比之下，社会资本在确定政企双方的合作关系后，即开始主宰项目运营信息的产生和变化。出于社会资本的逐利天性，他们有动机运用自身信息优势实施机会主义行为，通过关键绩效变量之间的互动关系在合同签订前逆向影响PPP项目合同中的绩效要求，绩效合同签订后则对关键绩效指标进行利己操纵，甚至通过向政府提供虚假信息骗取政府奖励和补贴，以此获得额外收益。

（2）社会资本只关心收入和努力。

在垃圾处理PPP项目合作中，社会资本最关心的是自身的收入和支出，以及由此实现的服务利润。在政府付费模式下，社会资本收入全部源于政府根据PPP项目合同约定的费用支付，社会资本依靠这部分收入弥补成本支出并实现相应利润目标。社会资本的付出除了服务成本支出，还需要考虑他们为了控制成本而付出的努力。在目前实施的垃圾处理PPP项目中，政府根据合同约定的计算方案对服务成本进行弥补。如果政府对社会资本实施激励政策，希望其通过自身努力降低服务成本，或者社会资本希望降低服务成本而实现更多利润，则社会资本在经营过程中的工作强度可能会增加。例如，管理者需要更加严格地执行预算目标，花更多心思甄别原材料和设备品质，更严格监管环卫工作人员等，这种努力会给社会资本带来负效用。

（3）政府是善意规制者。

在善意规制者假设中，地方政府或者相关职能部门对垃圾处理项目实施监管的目的是实现总体社会福利最大化。其中，社会福利由消费者剩余和社会资本效用两个部分共同组成。对于垃圾处理服务来说，消费者主要是垃圾处理PPP项目覆盖区域内所有居民和非居民用户，也可以理解为PPP项目可能涉及的用户。这样的话，消费者剩余与本书分析的公众利益范畴基本是相同的。虽然政府规制目的是实现社会福利最大化，考虑到公共服务的非营利性，即便通过PPP模式实现垃圾处理服务供给，政府仍然会将社会资本的利润控制在合理范围，与此相应的社会资本福利也会受到限制。所以，社会福利的增加将主要依靠垃圾处理PPP项目覆盖区域内的公众利益增加来实现。以社会福利最大化为目标实施绩效激励规制时，公众利益也可能实现或者接近最优水平。

（4）公共资金具有影子成本。

政府所使用的公共资金都需要通过扭曲性的税收来实现，每花费1元人民币，其社会成本是（1+l）元，l是公共资金的影子成本。l越高，代表政府的征税效率越低；l越低，则说明政府的征税效率越高。

（5）垃圾处理服务是经验品。

根据消费者获知商品质量信息的时间节点差异，可以将商品分为搜寻品和经验品：搜寻品指质量在购买前可被观察的商品，经验品则是购买后才能获知质量信息的商品。例如，服装属于搜寻品。服装在购买前消费者能够对其材质和做工进行判断，并根据价格和质量信息决策购买行为。生活垃圾处理服务属于经验品。居民只有在生活垃圾处理服务被购买后，在消费过程中才能感知真实的服务质量。所以，目前在中国推广PPP模式所涉及的垃圾处理服务都属于经验品。

对于搜寻品来说，相同价格水平之下，质量对产品销售会产生激励，即高质量的产品会更容易被消费者购买。所以，为了获得更好的销售，生产者也会尽量提高产品质量，即销售对质量产生激励。对经验品而言，如果生产者和购买者之间只有一次交易，不存在后续合作的机会，且生产者在本次交易中的信息不会影响他们与其他消费者的交易，即本次交易结果对后续交易不产生外部性，生产者将缺乏产品质量提升的激励，理性生产者会以提供低质产品作为"最优选择"。为了避免社会资本向公众提供低质产品，政府会在合约中对质量水平进行定量或定性描述，并就细则与社会资本达成一致意见后签订正式合约，以此对社会资本操控质量的行为形成约束。在垃圾处理PPP项目中，服务质量可以用规定面积的可见垃圾数量、清扫范围和清扫技术指标等进行描述。然而，难以收集的定量质量要求和难以量化的定性质量要求仍然会给社会资本留下可操控余地。政府和社会资本在合作过程中因服务质量产生纠纷时，定量信息虽然可被法庭确认，但过高的定量信息获取成本导致取证困难。同时，定性质量信息也容易因为文字表达意思模糊或双方理解差异而难以验证。所以，社会资本提高本次销售服务质量的激励源自未来的收益预期，即通过营造良好的服务质量声誉增加未来获得更多合约的机会，从而得到更多收益。

（6）垃圾处理服务须持续供应。

垃圾处理服务与居民日常生活相关度较大，直接影响居民生活舒适度。如果处理不善，容易激起民怨，甚至导致群体性事件。为保障居民正常生活，垃圾处理服务须持续供给。在 PPP 项目中，政府和社会资本的地位是平等的，政府不能运用自身的行政力量强制要求社会资本在不合理的合约框架下提供服务，需要通过与社会资本进行平等谈判磋商后就服务条款达成一致意见并形成具有法律效力的合同，再由社会资本履行合约并提供持续服务。

（7）采取政府付费的支付方式。

目前 PPP 项目主要有三种常见支付模式：使用者付费（User Charges）、政府付费（Government Payment）和可行性缺口补助（Viability Gap Funding）。使用者付费指社会资本向接受公共产品或服务的消费者直接收取费用，用以弥补成本投入并实现盈利。高速公路、地铁等公共交通和供水、供热等市政公共服务常会采取这种付费模式。政府付费模式下，由政府根据社会资本的服务绩效直接支付费用。可行性缺口补助是介于使用者付费和政府付费之间的一种付费方式，政府通过土地划拨、投资入股、优惠贷款等方式对社会资本进行补助。目前已经签约的垃圾处理 PPP 项目，虽然有部分会采取使用者付费或可行性缺口补助的付费模式，总体来看仍然以政府付费模式为主。所以，本节主要分析政府付费模式下的垃圾处理 PPP 项目。

在政府付费模式下，首先，直接接受服务的居民或非居民用户向政府相关部门缴纳生活垃圾处理费用。然后，政府将收取的生活垃圾处理费存入专项账户。接下来，政府遵照 PPP 项目合同对社会资本提供的垃圾处理服务进行核算，并以专项账户收取的费用进行支付，差额部分由地方财政补足。从费用支付来源看，垃圾处理 PPP 项目支付的资金源于缴费专项收入和财政收入。但是从 PPP 项目合约看，承担支付义务的是政府，无论政府是否足额收取居民垃圾处理费用，一旦社会资本按约提供服务，政府都必须支付相应费用。

第二节　模型构建与求解

本节结合让·雅克·拉丰和让·梯诺尔激励规制理论与垃圾处理 PPP 项目处理实务给出相应的成本函数、社会资本效用函数和诱使社会资本显示真实信息的激励相容条件，然后以社会福利最大化为目标构建模型并进行求解，从而分析绩效关键指标之间的互动边界。构建模型并求解运用的符号说明如表7.1。

表7.1　符号说明

符　号	含　义	符　号	含　义
C	垃圾处理PPP项目成本	δ	下期到当期的折现因子
α	垃圾处理PPP项目成本中的固定支出	λ	公共资金影子成本
e	社会资本努力	$\mu(\cdot)$	庞特里亚金乘子
s	服务质量	$\pi(s)$	社会资本提供合格服务的概率
q	服务数量	M	政府收取的垃圾处理费总额
β	技术效率参数	γ	拉格朗日乘子
β_1	技术效率参数下限	S	消费者对垃圾处理PPP项目服务的最高评价
β_2	技术效率参数上限	TS	总体社会福利
$F_1(\cdot)$	β的累计分布函数	$f_1(\cdot)$	β的概率密度函数
U	社会资本的总效用	S_1	社会资本在当期提供合格垃圾处理服务时消费者价值总额
$\hat{\beta}$	社会资本向政府宣称的技术效率参数	S_2	社会资本在下期提供合格垃圾处理服务时消费者价值总额
t	政府支付社会资本的利润	$\psi(e)$	社会资本付出e的努力后给自身带来的负效用
U_1	社会资本通过当期PPP项目合约所能获得的效用函数	U_2	社会资本通过未来PPP项目合约所能获得的效用函数

一、成本函数

垃圾处理PPP项目成本是社会资本为了提供垃圾处理服务而产生的支出。在垃圾处理PPP项目合同中，服务成本是政府和社会资本在价格方面达成共识的基础。项目合同中签订的价格代表政府对社会资本提供服务的支付责任，也代表社会资本提供合格服务后享有的基本权利。服务价格是服务成本和服务利润加总之和。受垃圾处理服务非营利性要求的制约，垃圾处理服务的合理利润被限定在相对稳定的范围之内。

在中国，公共服务选择PPP模式进行供给的前提是该项服务由社会资本提供比由政府提供更能节约社会成本，即实现服务供给的物有所值。所以，在公共服务确定使用PPP模式进行供给前，政府首先需要对公共服务进行物有所值论证，当且仅当物有所值论证通过时，才可能采取PPP模式进行服务供给。社会资本提供垃圾处理服务的服务成本也是政府衡量物有所值论证成效的关键。所以，对社会资本而言，服务成本确定是影响其实际利益的关键。对政府而言，在《绩效管理操作指引》出台之前，服务成本确定和控制则是实现PPP模式推广初衷的重要任务。在《绩效管理操作指引》出台之后，政府还需要在PPP项目实施中兼顾产出、效果和管理等绩效目标。

当垃圾处理PPP项目合约签订并进入运营后，服务成本是政府需要关注的重要绩效表现，也是验证物有所值论证能否实现的重要指标。如果项目实施过程中的服务成本低于或者等于物有所值论证中设定的服务成本水平，则说明PPP模式的推广对于垃圾处理服务而言是能够带来更高的供给效率的，即PPP模式选择是合理的。如果项目运营中实际的服务成本比物有所值论证时估算的成本更高，甚至高于政府供给模式之下的服务成本，则说明该区域的垃圾处理PPP项目需要仔细查找运营成本升高的原因并设法通过激励规制降低服务成本。因此，垃圾处理PPP项目服务成本也是观察项目运营是否实现服务供给绩效提升的重要指标。

通常情况下，社会资本在项目运营中记录服务支出而形成的会计信息需要接受政府审计监督，是政府付费、服务价格调整和维护公共利益的重要依据。政府执行监督职能时，可以通过审计会计信息获取社会资本提供垃圾处理服务而产生的服务成本。根据让·雅克·拉丰和让·梯诺尔在激励规制理论中对成本函数的设定，垃圾处理服务成本C是社会资本努力e、技术效率参数β、服务质量s和服务数量q的函数。对于垃圾处理服务而言，社会资本努力水平、服务成本、服务质量、服务数量和技术效率水平都是社会资本提供垃圾处理服务时需要考虑的绩效表现。从上一章的分析可知，这几个指标相互影响。如果不考虑具体的函数形式，成本函数可表示为：

$$C = C(e,\ s,\ q,\ \beta) + \alpha \tag{7.1}$$

其中，α代表服务成本中的固定支出，为了表示方便和简化讨论，可标准化为零。所以，成本函数可以表示为：

$$C = C(e, s, q, \beta) \tag{7.2}$$

社会资本努力e是社会资本为降低成本而进行的活动。在垃圾处理服务中，如果社会资本努力e使垃圾处理服务成本相应降低，那么成本减少的数额是社会资本努力e的函数。社会资本努力e越大，成本C降低越多，所以$C_e < 0$；但社会资本努力增加导致的成本降低幅度是逐渐减小，即$C_{ee} \geq 0$。如果将社会资本努力、服务成本和物有所值论证相联系，由于社会资本努力水平直接决定服务成本能否降低，服务成本高低直接关系物有所值论证是否实现，所以，社会资本努力成为影响物有所值论证结果能否实现的重要指标。如果政府能够通过激励规制使社会资本努力水平提升，则会有助于物有所值论证结果和PPP模式推广初衷的实现。

技术效率参数β是社会资本运营PPP项目时选择的技术水平或提供垃圾处理服务的运营效率，是社会资本运用自身掌握的信息优势进行逆向选择的代表性指标。在中国，选择PPP模式提供垃圾处理服务之前，政府是服务直接供给者，掌握技术使用的详细信息。采取PPP模式后，政府对服务执行监管职能，未必及时追踪市场技术变化，难以获悉社会资本确切的技术效率信息。即便政府和社会资本会在PPP项目合同中对技术要求进行约定，由于合约的不完备性，社会资本仍然可利用自身信息优势进行相机选择。由于技术水平一般和服务设备相联系，行业普遍的服务设备使用情况可以反映出服务供给的产业水平，所以，技术效率水平在一定程度上可以反映出垃圾处理服务的产业水平。

政府虽然不能掌握社会资本选择的具体技术效率参数，却因自身曾经提供垃圾处理服务供给而对行业技术有所了解，能够拥有技术的先验信息。假设β在连续统$[\beta_1, \beta_2]$（$\beta_1 < \beta_2$）上是连续分布的，累计分布函数是$F_1(\cdot)$，概率密度函数$f_1(\cdot)$严格为正，即$f_1(\cdot) > 0$。同等条件下，技术效率水平越低，则社会资本提供垃圾处理服务的成本越高。若用较高的β代表较低的技术水平，则β值越大，成本C越高，即$C_\beta > 0$。所以，在区间$[\beta_1, \beta_2]$上，β_2代表社会资本最低垃圾处理技术水平，即基本技术。如果在β_2的基础上增加一个极小差值 $d\beta$，代表技术水平以 β_2 为基础实现了 $d\beta$ 的进步，达到 $\beta_2\text{-}d\beta$ 的水平。因此，$\beta_2\text{-}\beta$ 可用于表示技术进步的幅度，$F_1(\beta)$ 代表至少产生 $\beta_2\text{-}\beta$ 改进的概率，$f_1(\beta)d\beta$ 则可以表示技术水平从 $\beta_2\text{-}\beta\text{+}d\beta$ 改进到 $\beta_2\text{-}\beta$ 的概率（也是技术水平从 $\beta_2\text{-}\beta$ 退步到 $\beta_2\text{-}\beta\text{+}d\beta$ 的概率）。所以，$f_1(\beta)/F_1(\beta)$ 代表社会资本已经有 $\beta_2\text{-}\beta$ 改进的前提下没有进一步技术提升或出现技术退步的条件概率。这里需要强调的是，在经济社会中，高技术效率水平社会资本和低技术效率水平社会资本是同时存在的。在垃圾处理PPP项目招投标或者项目合作谈判时，由于政府和社会资本在技术效率方面存在信息不对称，社会资本展现出来并希望政府相信的技术效率水平可能与其实际的技术效率水平存在差异。进入项目实施阶段，由于政府不能时时监控并掌握所有的信息，即便可以对社会资本的经营状况进行监督，如果不是社会资本愿意告知或者展现真实状态，政府想要掌握社会资本真实的技术效率水平也是很难的。在让·雅克·拉丰和让·梯诺尔的激励规制分析中，二位学者并没有要求社会资本一定要提供最优的技术效率水平，或者政府和社会资本进行合作时一定要选择最优技术效率水平的社会资本，而是针对社会经济中可能存在的不同技术效率水平的社会资本，通过激励规制使得他们向政府真实告知自己的技术效率水平，以此降低政府和社会资本之间的信息不对称，避免社会资本利用技术效率水平方面的信息优势获得额外利益。

让·雅克·拉丰和让·梯诺尔分析经验品时，假设经验品的销售数量 q 保持稳定，并未进行单独讨论。本章分析将调整让·雅克·拉丰和让·梯诺尔设定的服务数量不变假设，认为PPP项目持续期间，社会资本提供的服务数量会发生变化。目前实施的垃圾处理PPP项目中，清扫环节的服务数量主要通过生活垃圾清运总量和清扫面积来确定。清运环节的服务数量主要由待处理垃圾重量来确定。常见的终端处置方式有填埋和焚烧两种。填埋环节或者焚烧环节的服务数量都由需要填埋或者焚烧的垃圾重量决定。根据近30年来中国城市生活垃圾清运数量逐年增加的变化趋势，垃圾处理PPP项目中垃圾清运和处置总量不断增加的状态短期内难以改变。而且，伴随城镇化进程持续推进，虽然部分地方政府也会因为新增城区的垃圾处理服务与其他社会资本形成PPP模式合作关系，很多地方政府仍会在原有PPP项目合同中就城区扩大后新增的清扫面积提前进行约定，仍由原来的社会资本继续提供服务。所以，垃圾处理服务数量会发生变化，由此导致服务成本也会相应增加，即 $C_q > 0$。

在前文分析中，通过对江西省南昌市红谷滩新区、新建区和经济技术开发区的环卫工人进行调研，使用结构方程模型对调研数据进行验证，发现服务质量 s 对垃圾处理PPP项目服务成本 C 的影响并未获得统计意义上的支持。这种情况的发生，可能是因为社会资本努力增加导致的服务成本降低掩盖了服务质量变化对服务成本的影响。考虑到调研区域的城市生活垃圾处理PPP项目均已进入稳定运营期，且运营效果达到PPP合同中对服务质量绩效的要求，也可能是社会资本缺乏进一步提升服务质量的动力，导致服务质量和服务成本之间的变动关系难以得到验证。本章倾向于抽取垃圾处理PPP项目共性特征进行绩效激励规制分析。一般情况下，维持其他变量不变，服务质量 s 的提升通常会伴随服务成本 C 增加。所以，让·雅克·拉丰和让·梯诺尔设定的公共项目成本函数，仍然认为服务质量 s 会影响服务成本 C，服务质量和服务成本具有同向变化的特点，即 $C_s > 0$。

二、社会福利函数

（1）社会资本效用。

①单期效用函数。

由于垃圾处理服务在合约签订时社会资本不能交付所有服务，需要在合约执行期间由社会资本根据服务需要逐渐提供服务供给。如果是单期合作关系，比如社会资本完成本轮垃圾处理PPP项目合作后退出垃圾处理服务行业，不再提供任何与垃圾处理产业相关联的服务，或者社会资本不再和当地政府继续合作，即便选择其他的地方政府进行合作，不同地方政府之间的信息也不能共享，社会资本在一个区域提供垃圾处理服务的绩效并不影响其在其他区域参与垃圾处理PPP项目招投标的声誉和结果。在这种情况下，社会资本只需要尽可能从本期合约中获得最大利益即可。然而，排除社会资本突然转型或者遭遇危机退出垃圾处理服务行业的情况，如果垃圾处理PPP项目合作能够为社会资本带来合理收益，考虑到企业发展的路径依赖，一般情况下社会资本都会持续在行业中参与竞争并积极争取提供服务的机会。所以，可认为社会资本进行本期决策时将考虑本期服务营造的声誉对下期收益的影响。如果社会资本在本次合作中通过提供高质量服务营造良好声誉，那么将有利于在未来获得持续合作或更多类似合作的机会，即未来收益将影响本期社会资本服务决策。为了刻画这种影响关系，并简化讨论，设定社会资本需要进行两期决策：当前合约持续期为当期，未来合约持续期为下期。

在当期，社会资本效用取决于自身收入和支出。在收入方面，社会资本可得到来自政府的垃圾处理服务费，用以弥补服务成本并实现利润。让·雅克·拉丰和让·梯诺尔用 $t(\beta)$ 代表社会资本所得到的超过服务成本 C 的政府转移支付，社会资本得到的总收入则是 $t(\beta) + C$。在中国的垃圾处理 PPP 项目中，社会资本将所有收入扣减服务成本 C 后得到的差额部分可认为是因提供服务而获得的利润。所以，$t(\beta)$ 也可看作社会资本的利润总额。

支出方面，社会资本除了支付服务成本 C 外，还需要承担努力水平提高后对自身造成的负效用。$\psi(e)$ 代表社会资本为了降低服务成本，付出 e 的努力后给自身带来的负效用。负效用是努力程度的增函数，即 e 越多，社会资本感受到的痛苦越多，社会资本负效用 $\psi(e)$ 越高，即有 $e > 0$，$\psi'(e) > 0$。若付出的努力 e 越多，社会资本的负效用不仅越高，负效用递增的速度也越快，即有 $\psi''(e) > 0$；若不付出努力，社会资本没有负效用，即有 $\psi(e) = 0$。$\psi(e)$ 也可以被理解为社会资本努力提升后对其产生的负效用进行的货币补偿。社会资本因努力程度提升，比如需要更频繁地对普通环卫工作者进行监督监察、培训管理、业绩考核，或者需要耗费更多体力脑力对管理制度进行优化，需要提升社会资本责任心等，这些行为可能会给社会资本带来额外的工作量，使其心理压力增加，从而产生负效用。当社会资本付出 e 的努力水平后，需要为其进行的货币支付为 $\psi(e)$。社会资本努力 e 的提升使得 $\psi(e)$ 增加，进而导致政府支出增加，同时也会导致服务成本 C 降低。所以，政府可以在社会资本努力水平和服务成本之间进行均衡，寻找最适合的状态使得社会资本的成本总额最低。

正常情况下，服务成本 C 应该是非负的，社会资本努力 e 的增加可以降低服务成本。然而，如果政府想通过社会资本努力 e 的不断增加实现服务成本 C 无限降低直至接近 0，却是很难实现的。这将给社会资本带来无限痛苦，即 C 接近 0 时，$\lim_{e \to +\infty} \psi(e) = +\infty$。由于政府和社会资本之间存在信息不对称，政府很难掌握社会资本真实的努力水平 e 和技术效率水平 β。让·雅克·拉丰和让·梯诺尔认为社会资本努力水平受技术效率水平影响，社会资本将根据现有的技术效率水平决定其降低服务成本的努力程度，即 $e = e(\beta)$。社会资本通过当期 PPP 项目合约所能获得的效用函数 U_1 可以用其得到的收入总额扣减支付总额得到，收入总额为 $t(\beta) + C$，支付总额为 $C + \psi(e)$。所以，当期效用 U_1 可表达为：

$$U_1(\beta) = \left[t(\beta) + C \right] - \left[C + \psi(e(\beta)) \right] = t(\beta) - \psi(e(\beta)) \tag{7.3}$$

从式（7.3）可知，社会资本的收入中用于弥补服务成本的部分已经在服务实施过程中被消耗，真正影响社会资本当期效用的是政府转移支付 $t(\beta)$ 和社会资本努力水平的负效用 $\psi[e(\beta)]$。如果按照前面的分析，在中国情境下可以将政府转移支付 $t(\beta)$ 理解为社会资本利润总额。所以，直接影响社会资本当期效用的是在现有技术效率水平下社会资本获得的利润 $t(\beta)$ 和因自身努力而带来的负效用 $\psi[e(\beta)]$ 之差。在垃圾处理 PPP 项目中，社会资本向政府提供成本核算信息的时候，通常会告知自己选择的技术效率水平。如果社会资本告知的技术效率水平正好是社会资本的真实选择，由此而产生的成本为 $C(\beta)$，政府将按照 $t(\beta) + C(\beta)$ 的水平向社会资本支付费用，同时约定服务数量为 $q(\beta)$。如果社会资本告知政府的技术效率水平不是其真实选择，即社会资本利用自己的信息优势向政府传递了不真实信息，又或者政府无法辨别社会资本的信息真伪，只能按照其告知的信息进行激励规制，由于影响社会资本当期真实效用的利润 $t(\beta)$ 和社会资本努力 $\psi[e(\beta)]$ 都受到技术效率水平 β 影响，所以当信息与真实状况存在差异时，可能使得政府对社会资本的激励规制与社会资本告知真实信息时产生偏离，进而使得规制目标难以实现。

②总效用函数。

按照前面的分析，社会资本决策不仅需要考虑当期效应，还需要考虑未来可能的合作机会，未来合作机会受当期提供服务后可能获得的良好声誉影响。如果当期服务绩效好，则更容易在下期或者在其他区域获得合作机会。反之，如果当期合作失败或者口碑很差，则未来继续合作或在其他区域获得合作的机会也会减少，即便能够继续合作，也需要在服务价格上进行让渡。所以，社会资本有动力在当期提供优质服务。即当期声誉塑造可以对当前服务质量形成激励，以便于获得未来合作机会，其决策并非为了当期效用最大化，乃是为了当期和未来效用总和最大化。社会资本谈判磋商时对合同能够产生的总体效用进行评估后决策是否参与PPP项目，为项目提供什么样的服务水平。

设社会资本每期提供满足PPP项目合同服务质量水平要求的垃圾处理服务的概率为$\pi(s)$，提供不合格服务的概率为$1-\pi(s)$。如果社会资本在当期提供的服务合格，则可能获得下期合约并实现效用U_2；如果社会资本在当期提供的服务不合格，则很难获得下期合约，下期效用为0。所以，下期期望效用为$\pi(s)U_2$。考虑到货币时间价值，设下期到当期的折现因子为δ，为简化讨论，假设下期效用期望效用和β独立，社会资本的总效用$U(\beta)$可以表示为：

$$U(\beta) = U_1(\beta) + \delta\pi(s)U_2 \tag{7.4}$$

根据（7.4）式，第一期的效用函数也可表示为：

$$U_1(\beta) = U(\beta) - \delta\pi(s)U_2 \tag{7.5}$$

根据经济人假设，如果社会资本预期参与垃圾处理PPP项目只能得到负效用，在项目招投标时将放弃项目参与。如果社会资本预期从项目参与中得到的效用总额大于零，则可能在项目招投标时积极参与竞标。然而，即便在项目合作谈判时社会资本预期未来可能得到的总效用非负，由于运营期较长，各种风险因素都可能对项目运营产生影响，并不能保证社会资本预期的非负效用一定会实现。即便如此，在项目谈判初期，仍然假设社会资本从PPP项目中所得到的总效用应该是非负的。这是社会资本可能参与项目实施的基础条件。所以，社会资本的个体理性约束可表示为：

$$U(\beta) \geqslant 0 \tag{7.6}$$

（2）服务对消费者的价值。

将消费者从垃圾处理PPP项目服务中能够得到的价值总额标记为S^β，S^β

代表消费者对垃圾处理PPP项目服务的评价总额，S^β由居民在当期期望消费者价值总额与下期期望消费者价值总额加总得到。如果社会资本可以为居民提供合格服务，则居民将从中得到非负效用。单个居民对合格服务的评价代表个体愿意为服务给予支付，将单个居民的评价加总即可得到垃圾处理服务的区域内所有居民愿意为服务提供支付总额，即服务价值总额。如果社会资本向区域内居民提供了不合格服务，则居民不能从中获得非负效用（为了简化分析，不讨论社会资本提供不合格服务时可能给居民带来负效用的情况）。垃圾处理PPP项目在政企谈判期并不能保证社会资本在项目执行之间一定会按照约定提供合格服务，只能依靠社会资本已经营造的声誉、各地垃圾处理PPP项目实施状况或者政府甄别能力来判断社会资本在项目实施过程中的可能服务状态。设社会资本提供合格服务的概率（或行业内能够提供合格服务的社会资本比例）为$\pi(s)$，提供不合格服务的概率为$1-\pi(s)$。如果社会资本在当期提供合格垃圾处理服务时消费者（居民）价值总额为S_1，提供不合格服务时消费者价值总额为0，则当期垃圾处理PPP项目对消费者（居民）而言，服务的期望价值为$S_1\pi(s)$。同样，如果下期政府继续使用PPP模式为居民提供垃圾处理服务，社会资本提供合格垃圾处理服务时消费者价值总额为S_2，S_2是外生变量，则下期的期望消费者价值为$S_2\pi(s)$，下期到当期的折现因子为δ，下期期望消费者价值在当期的现值为$\delta S_2\pi(s)$。所以，政府在当期期初可判断垃圾处理PPP项目对消费者的价值总额S为：

$$S = S_1\pi(s) + \delta S_2\pi(s) = \pi(s)(S_1 + \delta S_2) \tag{7.7}$$

需要注意的是，虽然计算消费者价值和社会资本效用时都会考虑社会资本提供合格服务的概率，但实际处理方式是不同的。计算社会资本总效用时，让·雅克·拉丰和让·梯诺尔主要针对单个社会资本进行决策而展开分析。只有当期提供合格服务时，社会资本才可能在下期获得合作机会。所以在当期，让·雅克·拉丰和让·梯诺尔并未考虑社会资本提供不合格服务的可能性，认为在跨期决策中社会资本的最佳决策是当期提供合格服务，即当期提供合格服务的可能性为1。然而，当社会资本获得下期合约后，由于跨期模型只考虑两期决策，社会资本会根据下期合约绩效要求考虑提供合格服务的概率，存在提供不合格服务的可能性。所以，社会资本的总效用是当期效用 U_1 和下期期望效用现值 $\delta\pi(s)U_2$ 之和。但是，对消费者来说，无论是对于当期垃圾处理PPP项目，还是下期垃圾处理PPP项目，社会资本都可能以 $1-\pi(s)$ 的概率提供不合格服务，从而导致消费者价值为0。因此，当期消费者效用为 $S_1\pi(s)$，下期消费者效用为 $S_2\pi(s)$。

按照经济学原理基本分析，如果服务是同质的，那么决定消费者对服务价值评价的指标主要是服务数量和服务价格。完全同质的服务在现实生活中很难遇到，如果考虑服务存在异质性，则需要对服务质量加以考虑。此外，无论是由社会资本参与PPP项目后向消费者提供垃圾处理服务，还是政府向消费者提供垃圾处理服务，作为被服务者，居民不会因服务直接供给者改变就影响其对服务的评价，他们更关注自身从服务中得到的效用。所以，可以从服务数量、服务质量和居民支付价格三个方面分析居民对垃圾处理服务的价值评价。

首先，相同条件下，如果消费者享受的垃圾处理服务数量增加，比如社会资本在同一区域清扫次数更多、垃圾清运频率提高、垃圾中转站清洁次数增加，等等。这种情况下，垃圾处理PPP项目服务区域内的消费者将会获得更加清洁干净的生活环境。一般情况下，消费者愿意为了生活环境质量的提升支付更高的费用。所以，可以认为服务数量的增加会导致消费者评价增加，即服务数量和消费者评价呈正相关关系。在垃圾处理PPP项目合作谈判时，政府和社会资本都会针对服务数量当前及未来可能变化进行讨论，以此作为服务支付的重要影响因素。据此，可将社会资本提供合格垃圾处理服务时消费者对当期服务的评价表示为 $S_1 = S_1(q)$。

其次，生活垃圾处理服务是经验品，在信息不对称条件下，社会资本实际提供服务之前政府无法确切知道服务质量的真实信息，只能根据社会资本提供合格服务的概率来判断其按照合约提供合格服务的可能性。通常情况下，服务质量要求越好，社会资本提供合格服务的可能性越低。相较政府而言，社会资本对于自身能否提供合格服务拥有信息优势。而政府只能根据自己的先验信息对社会资本提供合格服务的概率 $\pi(s)$ 进行判断，比如根据待合作社会资本在其他垃圾处理PPP项目中的合作表现进行判断，或者根据行业内参与垃圾处理PPP项目的社会资本提供合格服务的平均水平进行判断。政府和社会资本进行谈判时预期社会资本提供合格服务的可能性越大，即$\pi(s)$越高，居民可能从中得到的效用越高和对垃圾处理服务的评价也会越高。所以，居民对垃圾处理服务的价值评价S_1受社会资本提供合格服务的概率$\pi(s)$影响。

最后，分析居民因垃圾处理服务而支付的价格。在中国当前的垃圾处理收费制度下，居民为垃圾处理服务支付的费用主要是垃圾处理费。中国生活垃圾处理费主要采取定额收费制度，居民以个人或户为单位每个月向地方政府代收部门缴纳固定费用后即可享受垃圾处理服务，其享受的服务数量与缴纳的费用没有直接关系。以江西省南昌市为例，2017年，南昌市出台《南昌市城市生活垃圾处理收费改革方案》，对无物业管理类居民按照每户每月5元的标准征收垃圾处理费，对有物业管理类居民按照每户每月2元的标准征收垃圾处理费。所以，在南昌市，无物业管理类居民每年缴纳垃圾处理费60元，有物业管理居民每年缴纳垃圾处理费24元。在北京，根据北京市发展和改革委员会发布的环卫收费标准，截至2021年，北京市执行的垃圾处理费用收取标准源自京价（收）字〔1999〕253号和京政办发〔1999〕68号文件的相关规定，其中每户每年需要支付生活垃圾清运费30元，本市居民每月每户支付生活垃圾处理费3元，外地来京人员每月每户支付生活垃圾处理费2元。所以，按照北京市目前的收费标准，本市居民一年共缴纳生活垃圾处理费66元，外地来京人员一年共缴纳生活垃圾处理费54元。总体来看，各地针对居民收取的垃圾处理费普遍较低，一经确定即多年不变。垃圾处理成本费用虽然随着市场价格变化调整，源自居民的生活垃圾处理费却基本固定，其差额部分主要由政府财政补足。

对于PPP项目而言，现有的付费模式有政府付费、使用者付费和可行性缺口补助三种。垃圾处理服务由于可能存在长期的现金流，所以垃圾处理PPP项目常用的付费模式有政府付费和使用者付费两种。除去少数使用者付费项目外，大多数地区的垃圾处理PPP项目采取政府付费的方式，即社会资本获得的服务收入源自居民缴纳的垃圾处理费和政府财政支出，其中，居民缴纳的垃圾处理费较为稳定，政府财政支出部分则可能以PPP项目合约为基础伴随社会资本服务绩效而变动。所以，无论实际服务绩效如何变化，源自居民的垃圾处理费用都是不变的。而且，武汉、南昌、厦门、六盘水等诸多城市都采用随水费计收的方式收取生活垃圾处理费，客观上使得居民垃圾处理费用缴纳和垃圾处理服务、垃圾处理服务费用支付的直接关系进一步淡化，居民缴纳的垃圾处理费用对居民的服务评价影响降低。

根据前文的假设前提，本书仅对政府付费模式下的垃圾处理PPP项目展开分析。社会资本和政府在PPP项目合同中约定的服务价格是双方就服务质量、服务数量、服务技术和服务期限等进行协商后确定的，在政府付费模式下由政府根据服务绩效向社会资本支付。将居民向政府缴纳的垃圾处理费总额记作M，可认为居民支付的垃圾处理费M不影响S_1。即便如此，却不可忽略居民垃圾处理费缴纳对垃圾处理服务的重要作用。从中国生活垃圾处理产业发展历程来看，居民缴纳的垃圾处理费对地方财政支付压力具有明显的缓解作用，只是在现有的垃圾处理收费和垃圾处理PPP项目服务支付模式下，居民支付费用和享受服务之间的直接关系因政府收取和直接支付关系而淡化了。通常情况下，居民更在乎垃圾处理服务质量，对政府向社会资本支付的PPP项目价格则缺乏关注。所以，可认为垃圾处理PPP项目定价不影响居民对垃圾处理服务的评价S_1。

综上所述，影响居民对当期垃圾处理服务评价S_1的是服务质量和服务数量。同样，延续前文的假设，认为消费者对下期服务的价值评价S_2与β独立，下期到当期的折现因子为δ，则消费者对垃圾处理服务评价为：

$$S = \pi(s)\left[S_1(q) + \delta S_2\right] \tag{7.8}$$

（3）总体社会福利。

社会福利是消费者福利与社会资本效用之和。消费者福利可用垃圾处理PPP项目对消费者的价值总额S扣减社会为服务支付的货币总额得到。社会为垃圾处理服务支付的资金来源有两部分：一是居民向政府缴纳的垃圾处理费；二是政府的财政税收。

假设源自居民的垃圾处理费总额为M，因垃圾处理费收取而产生的收费费率为k，则政府收到最终可用于支付社会资本的源自居民的垃圾处理费为$(1-k)M$。一般情况下，政府收取的垃圾处理费不能弥补所有的货币支出，即$(1-k)M < t + C$，其差额部分$t + C - (1-k)M$需要依靠政府税收来弥补。政府支付的公共资金都具有影子成本，若政府支出公共资金为1元时的影子成本为λ元，真实社会成本为$1+\lambda$元，则由政府弥补的差额部分的真实社会成本是$(1+\lambda)[t + C - (1-k)M]$。消费者福利可表示为：

$$S - (1+\lambda)[t + C - (1-k)M] - M \tag{7.9}$$

由于政府和社会资本目前只能就当期合作进行谈判，所以政府进行激励规制时关注的社会福利只考虑当期居民福利和当期社会资本福利。对于社会资本效用，只考虑其在当期可实现效用为U_1。所以，社会福利函数TS可表示为：

$$TS = S - (1+\lambda)[t + C - (1-k)M] - M + U_1 \tag{7.10}$$

将（7.2）式、（7.3）式、（7.8）式和（7.9）式代入（7.10）式，得到社会福利函数TS为：

$$TS = \pi(s)[S_1(q) + \delta S_2] - (1+\lambda)[t(\beta) + C(e, s, q, \beta)$$
$$-(1-k)M] - M + U_1 \tag{7.11}$$

整理后得到社会福利函数TS为：

$$TS = \pi(s)[S_1(q) + \delta S_2] - (1+\lambda)[C(e, s, q, \beta) + \psi(e)]$$
$$- (k + k\lambda - \lambda)M - \lambda U_1 \tag{7.12}$$

在（7.12）式中，服务数量、服务质量、社会资本努力和技术效率水平的变化对社会福利函数的影响难以直接判断。（7.12）式的第三部分$(k + k\lambda - \lambda)M$对总体社会福利的影响方向则与垃圾处理费用收费费率$k$和政府公共资金支出的影子成本$\lambda$的大小有关。当$\lambda > \dfrac{k}{1-k}$时，即$-(k + k\lambda - \lambda)M > 0$，则源自居民的垃圾处理费总额$M$增加将有利于增加社会福利。当$\lambda < \dfrac{k}{1-k}$时，即$-(k + k\lambda - \lambda)M < 0$，则源自居民的垃圾处理费总额$M$增加将会导致社会福利降低。由于政府公共资金支出的影子成本λ相对稳定，可进一步分析垃圾处理费用收费费率k和源自居民的垃圾处理费总额M同时变化对社会福利TS的影响。当垃圾处理费用收费费率k和源自居民的垃圾处理费总额M增加，最终使得$\lambda < \dfrac{k}{1-k}$，总体社会福利TS将加剧下降。同

理，当垃圾处理费用收费费率 k 降低至 $\lambda > \dfrac{k}{1-k}$，同时源自居民的垃圾处理费总额 M 增加，则总体社会福利 TS 将逐渐提升。可见，源自居民的垃圾处理费总额 M 变化对总体社会福利 TS 的影响方向主要受垃圾处理费用收费费率 k 影响。

三、激励相容条件

在PPP项目中，政府可以借助政府供给模式下的经验获得关于技术效率的先验信息，也可以通过了解行业发展状况对技术效率信息进行完善。然而，当政府与具体的社会资本进行合作时，却难以把握社会资本真实的技术效率选择。一方面，由于信息获取成本高，政府难以获知社会资本所有的技术效率参数细节；另一方面，社会资本可能根据自己的意图向政府传递虚假信息。例如，拥有较低技术效率水平的社会资本为了获得合作机会，有动机让政府相信自己拥有较高的技术效率水平；拥有较高技术效率水平的社会资本为了让政府接受自己较高的服务成本，也有动机让政府相信自己拥有较低的技术效率水平。所以，政府对社会资本进行激励规制的目标不仅包括根据社会资本对外公布的技术效率水平估算其成本并给予弥补，还需要通过设计合理机制诱使社会资本显示其真实的成本信息。社会资本在政府设计的机制下只有显示出自身真实的成本信息才是最优选择。所以，政府只需要控制机制设计，无须花费过多精力去甄别社会资本在合作谈判中传递的技术效率水平真假。根据让·雅克·拉丰和让·梯诺尔（2014）在激励理论中的分析论证，如果 $\beta \in [\beta_1, \beta_2]$，政府和社会资本的信息对称，分段可微函数 $U_1(\cdot)$ 和 $C(\cdot)$ 满足下列激励相容条件，才可促使社会资本向政府告知真实信息。

$$U'(\beta) = -\psi'\big[e(\beta)\big] \tag{7.13}$$

$$C'(\beta) \geqslant 0 \tag{7.14}$$

根据前文分析，社会资本努力水平增加时，社会资本的负效用也会相应增加，即 $\psi'\big[e(\beta)\big] > 0$。根据式（7.13），当社会资本对政府告知真实的技术效率水平时，$U'(\beta) < 0$，即 β 越大，技术效率水平越低，社会资本在跨期

决策中可能实现的效用水平也越低。如果考虑整个行业不同社会资本的技术效率水平，按照（7.13）式给出的边界要求，技术效率水平低的社会资本在垃圾处理PPP项目跨期合作中可能得到的总效用将低于那些技术效率水平高的社会资本。

根据（7.2）式 $C = C(e, s, q, \beta)$，社会资本努力 e 也可以表示为成本 C、技术效率参数 β、服务质量 s 和服务数量 q 的函数：

$$e = E\big[C(e, \beta, s, q), \beta, s, q\big] \tag{7.15}$$

社会资本努力水平 e 越高，给社会资本带来的负效用也越高。此外，社会资本努力的负效用增加速度快于社会资本努力水平的增加速度。在面临成本压力的时候可通过提升社会资本努力水平降低服务成本，但若考虑到服务成本受诸多因素影响，社会资本更愿意调整其他影响因素而非主动提升自己的努力水平。有可能当其他因素被调整至变动边界时，社会资本才倾向于考虑改变自身的努力水平。即社会资本可以根据成本控制目标 C、技术效率水平 β、质量水平 s 和服务数量 q 逆向确定自身努力水平 e。所以，成本函数可以表示为：

$$C = C\big[E(C, \beta, s, q), \beta, s, q\big] \tag{7.16}$$

如果政府和社会资本的信息不对称，努力的激励相容条件（7.13）式可以表述为：

$$U'(\beta) = U_1'(\beta) = -\psi'(e)E_\beta \tag{7.17}$$

β 越大，说明社会资本提供的垃圾处理服务技术效率水平越低。为了在既定成本下提供相应数量和质量服务，社会资本需要付出更多的努力，即 e 会增加。所以，$E_\beta > 0$。反之，如果技术效率水平提升了，即 β 减少，社会资本即便降低努力水平也可能实现既定的绩效目标。所以，可以将 E_β 理解为效率提高带来的潜在的努力的节约（effort savings）。假定在成本函数中，社会资本的质量水平 s 发生变化，为了不改变成本 C、技术效率水平 β 和服务数量 q，社会资本需要对努力水平 e 进行调整。在边际上，如果这种针对 s 和 e 的调整不能影响社会资本的总体效用，则质量水平 s 的激励相容约束条件可表示为：

$$U_e + U_s = 0 \tag{7.18}$$

代入（7.4）式和（7.13）式，（7.18）式可表述为：

$$\delta'\pi[s(\beta)]U_2 - \psi'[e(\beta)] = 0 \tag{7.19}$$

激励相容条件（7.14）在后面的分析中暂不使用，根据让·雅克·拉丰和让·梯诺尔的分析：满足条件（7.6）和（7.13）的求解也满足（7.14）。

四、社会福利最优解

根据善意规制者假设，政府激励规制目标是社会福利最大化。结合之前的社会福利函数、激励相容条件和相关约束可得政府规制的目标函数为：

$$\max_{\{e(\cdot),\ q(\cdot),\ s(\cdot)\}} \int_{\beta_1}^{\beta_2} \Big\{ \pi(s)\big(S_1(q) + \delta S_2\big) - (1 + \lambda)\big[C(e,\ s,\ q,\ \beta) + \psi(e)\big] - $$
$$(k + k\lambda - \lambda)M - \lambda\big[U(\beta) - \delta\pi(s)U_2\big]\Big\} f_1 \mathrm{d}\beta \tag{7.20}$$

约束条件为：

$$\begin{cases} U'(\beta) = -\psi'(e)E_\beta, \\ \delta\pi'[s(\beta)]U_2 - \psi'[e(\beta)] = 0, \\ \forall \beta \geqslant 0 \end{cases}$$

利用最优控制求最优解。令 U 为状态变量，e，q 和 s 为控制变量。汉密尔顿（Hamilton）函数为：

$$H = \Big\{ \pi(s)\big[S_1(q) + \delta S_2\big] - (1 + \lambda)\big[C(e,\ s,\ q,\ \beta) + \psi(e)\big] - (k + k\lambda - \lambda)M$$
$$-\lambda\big[U(\beta) - \delta\pi(s)U_2\big]\Big\} f_1 - \mu\psi'(e)E_\beta + \gamma f_1\big[\delta\pi'(s)U_2 - \psi'(e)\big] \tag{7.21}$$

这里的 $\mu(\cdot)$ 代表庞特里亚金乘子（Pontryagin multiplier），γ 代表拉格朗日乘数。根据最优化原理，可以得到：

$$\dot{\mu} = \frac{\mathrm{d}\mu}{\mathrm{d}\beta} - \frac{\partial H}{\partial U} = \lambda f_1(\beta) \tag{7.22}$$

由于 β_2 代表社会最低技术效率，而 β_1 则是自由边界，且 $F_1(\beta_1) = 0$，所以：

$$\mu(\beta) = \lambda F_1(\beta) \tag{7.23}$$

分别关于控制变量 e，q 和 s 求导，得到：

$$\frac{\partial H}{\partial e} = f_1(1 + \lambda)\left[C_e + \psi'(e)\right] - \mu\left[\psi''(e)E_\beta + \psi'E_{\beta C}C_e\right] - \gamma f_1\psi'' = 0 \quad (7.24)$$

$$\frac{\partial H}{\partial q} = f_1\left[\pi(s)S_{1q} - (1 + \lambda)C_q\right] - \mu\psi'E_{\beta q} = 0 \quad (7.25)$$

$$\frac{\partial H}{\partial s} = f_1\left[\pi'(s)(S_1 + \delta S_2) - (1 + \lambda)C_s + \lambda\delta U_2\pi'(s)\right] -$$
$$\mu\psi'(e)E_{\beta s} + \gamma f_1\delta U_2\pi''(s) = 0 \quad (7.26)$$

将上述三个式子整理后得到规制者最优规划对社会资本努力水平e、服务数量q和服务质量s的一阶条件分别是：

$$\psi'(e) = -C_e - \frac{\lambda}{1 + \lambda}\frac{F_1}{f_1}(\psi''(e)E_\beta + \psi'(e)E_{\beta C}C_e) - \frac{\lambda}{1 + \lambda}\psi''(e) \quad (7.27)$$

$$\pi(s)S_{1q} = (1 + \lambda)C_q + \frac{\lambda F_1}{f_1}\psi'(e)E_{\beta q} \quad (7.28)$$

$$C_s = \frac{\pi'(s)(S_1 + \delta S_2 + \lambda\delta U_2)}{1 + \lambda} - \frac{\lambda}{1 + \lambda}\frac{F_1}{f_1}\psi'(e)E_{\beta s} + \frac{\gamma\delta U_2\pi''(s)}{1 + \lambda} \quad (7.29)$$

联立方程（7.19）（7.27）（7.28）和（7.29）即可得到政府实现最优规制时$\{e^*(\beta),\ s^*(\beta),\ q^*(\beta), \gamma(\beta)\}$的解。这里对于$\{e^*(\beta),\ s^*(\beta),\ q^*(\beta), \gamma(\beta)\}$的最优解，可以看作对社会资本实现最优激励规制时关键绩效指标需要满足的边界条件。

五、绩效激励规制机制设计

在政府和社会资本合作中，确定最优绩效激励规制机制的实质是根据政府掌握的技术效率先验信息和社会资本告知的垃圾处理PPP项目服务成本，通过控制政府向社会资本支付的利润$t^*(\beta)$，使社会资本告知真实技术效率水平e并实现社会福利最大化条件下的服务供给决策，最终使社会资本提供的垃圾处理服务质量s、社会资本努力水平e和服务数量q满足最社会福利最大化条件下的最优解条件。

根据最优解$s^*(\beta)$，$e^*(\beta)$和$q^*(\beta)$，可得到最优绩效激励规制状态下社会资本提供垃圾处理服务的最优成本C^*，其可表达为：

$$C^* = C^*\left[\beta,\ e^*(\beta),\ s^*(\beta),\ q^*(\beta)\right] \quad (7.30)$$

由于$C^*(\cdot)$是严格的增函数，可以根据最优成本求解$\beta = \beta^*(C)$。在垃圾处理 PPP 项目中，服务成本可被观察。政府可以通过对社会资本提供服务的会计信息进行监督审查，从而获得服务成本信息。所以，结合（7.17）和（7.27），最优绩效激励规制状态下，社会资本提供垃圾处理服务能够实现的当期效用 U_1^* 可表达为：

$$U_1^*(\beta) = \int_\beta^{\bar\beta} \psi'\big[e(\beta)\big]\mathrm{d}\beta + U_1(\bar\beta) = \int_\beta^{\bar\beta} \psi'\big[e(\beta)\big]\mathrm{d}\beta \qquad (7.31)$$

由此得到政府向社会资本支付的超过垃圾处理服务成本的最优转移支付，即社会资本参与垃圾处理 PPP 项目并提供垃圾处理服务后可以得到的利润 $t^*(\beta)$ 为：

$$t^*(\beta) = \psi\big[e^*(\beta)\big] + U_1^*(\beta) \qquad (7.32)$$

由于最优绩效激励规制机制中，β 是可被观察到的成本 C 的函数，最优利润支付也可以表示为可被观察的成本 C 的函数，即：

$$t^*(C) = \psi\big\{e^*\big[\beta^*(C)\big]\big\} + U_1^*\big[\beta^*(C)\big] \qquad (7.33)$$

根据前文对 e 和 C 的设定，$t^*(C)$ 是一个凸函数，可以使用其切线族来代替它。政府和社会资本就垃圾处理 PPP 项目各项绩效指标进行谈判时，社会资本向政府公布选择技术效率水平 $\hat\beta$，并且宣称将会发生 $C(\hat\beta)$ 的服务成本。信息不对称时，政府不能判断社会资本宣称的技术效率水平 $\hat\beta$ 是不是其面临的真实的技术效率水平 β。即便如此，政府仍可向社会资本提供合约，使社会资本获得的利润是其对外公布的技术效率水平 $\hat\beta$ 和服务成本 $C(\hat\beta)$ 的函数：

$$t(\hat\beta, C) = t^*(\hat\beta) - \psi'\big[e^*(\hat\beta)\big]\big[C - C^*(\hat\beta)\big] \qquad (7.34)$$

在这份合约中，$t^*(\hat\beta) = \psi\big[e^*(\hat\beta)\big] + U_1^*(\hat\beta)$，$C^*(\hat\beta) = C^*(\hat\beta, e^*, s^*, q^*)$。社会资本最优选择是自身选择的真实技术水平和向政府宣称的技术水平一致，即 $\beta = \hat\beta$，获得的收入总额（即 PPP 项目总价）为 $t(\beta, C) + C^*(\beta)$，从而实现总利润 $t(\beta, C)$，根据最优服务数量 $q^*(\beta)$，即可求解垃圾处理 PPP 项目单价为 $[t(\beta, C) + C^*(\beta)]/q^*(\beta)$。此时，社会资本提供的服务质量是其在现有合约中的最佳水平 $q^*(\beta)$。为了实现最佳供给决策，社会资本将把自己的努力水平调整到 $e^*(\beta)$。至此为止，社会资本向政府如实告知了自身的技术效率水平，政府和社会资本之间的信息不对称情况得到改善，政府据此对社会资本实施绩效激励规制并实现社会总体福利最大化，各绩效指标在现有条件下实现最优配置。

第三节 模拟仿真

上述分析主要借助让·雅克·拉丰和让·梯诺尔的激励规制理论分析垃圾处理PPP项目绩效关键指标之间的边界关系。考虑到分析过程比较抽象，下面将借助R语言对分析结论进行模拟仿真，以形象展示并进一步探索各关键绩效指标之间的关系。相关参数的设定如表7.2所示。

表7.2 模拟仿真参数设定

相关参数	表达式（值）	相关参数	表达式（值）
$\psi(e)$	$\dfrac{k*e^2}{2}, k = 3$	S_1	$t \times q, t = 120$
C	$(s + \beta - e) \times q$	S_2	$900\ 000$
$f_1(\cdot)$	$\begin{cases} \dfrac{1}{35}, 10 \leqslant \beta \leqslant 45 \\ 0, else \end{cases}$	$F_1(\cdot)$	$\begin{cases} \dfrac{\beta - 5}{35}, 10 \leqslant \beta \leqslant 45 \\ 0, else \end{cases}$
U_2	$600\ 000$	$\pi(s)$	$\dfrac{\arctan(a \times s)}{3.14} + 0.5, a = 1.5$
λ	0.02	β_1	10
δ	$\dfrac{1}{(1 + 0.08)^{15}}$	β_2	45

一、技术效率水平与其他变量的关系分析

（1）技术效率水平与服务质量。

如图7.1所示，当技术效率参数β增加时，服务质量s不断下降。在本书分析中，用较高的技术效率参数β代表较低的技术效率水平，用较低的技术效率参数β代表较高的技术效率水平。所以，技术效率参数β越低，社会资本的技术效率水平越高。这样的话，如同图7.1中展示的，当社会资本的技术效率水平越来越低，垃圾处理服务质量s也会越来越差。

　　技术效率水平较高的社会资本通常会配备较为先进的垃圾处理服务专用设备，这就要求社会资本具有较强的经济实力。具有较强经济实力的社会资本一般有两种情况。第一种，社会资本新进入垃圾处理服务行业。如果社会资本新进入垃圾处理服务行业且具有雄厚经济实力的话，一般会有资金和管理经验丰富的母公司作为依靠，母公司可以将自身的管理经验运用于社会资本的垃圾处理服务供给，有助于服务质量的提升。第二种，社会资本是垃圾处理服务行业的资深企业。这类企业在垃圾处理服务行业具有丰富的供给经验，如果能够实现技术效率水平的持续提升，说明在长期的行业服务中已经逐渐进入良性循环的轨道，对服务质量的控制已经形成了相对成熟的管理模式。

　　所以，垃圾处理PPP项目合作谈判时，社会资本的技术效率水平可以作为双方谈判的基本信号，政府可以根据社会资本提供的技术效率信息和社会资本的历史沿革来判断其未来参与垃圾处理PPP项目后可能提供的服务质量水平。

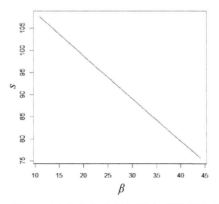

图7.1　技术效率水平与服务质量的关系

　　（2）技术效率水平与社会资本努力。

　　在图7.2中，当技术效率参数β增加时，社会资本努力水平e也随之增加。即对于垃圾处理PPP项目来说，技术效率水平低的社会资本更倾向于付出更多努力来实现绩效目标。从本次模拟来看，与图7.1中技术效率参数β与服务质量s之间几乎是直线的变化关系相比，图7.2中的技术效率参数β与社会资本努力e的关系呈现出非线性变化特征，技术效率参数β的增加对

社会资本努力水平 e 的影响伴随社会资本努力水平的提升而逐渐增强，即图7.2中表现为技术效率水平与社会资本努力的关系曲线斜率逐渐增加。由于较高的技术效率参数代表较低的技术效率水平，当社会资本的技术效率参数小幅增加时，即社会资本的技术效率水平小幅降低，相应地社会资本努力水平将大幅提升。反之，如果社会资本的技术效率参数小幅减少，即社会资本的技术效率水平小幅增加，社会资本努力水平将降低。相同技术效率水平上增加或者减少相同数量，由此导致的社会资本努力水平降低幅度将小于社会资本努力水平增加幅度。可见，越是技术效率水平低的社会资本，参与垃圾处理PPP项目竞争时付出的努力水平将越多。当政府对参与垃圾处理PPP项目的社会资本进行激励并实现最优机制设计时，这种情境正好与"勤能补拙"的状态一致。

此外，考虑到社会资本努力水平增加将给社会资本带来负效用，技术效率水平提升对社会资本在垃圾处理服务中的机械化水平也有要求，在本次模拟中，社会资本可能会均衡技术效率水平和自身努力水平的利弊，然后在二者之间进行均衡。可以推断，在社会资本决策的均衡点上，社会资本努力增加导致的边际负效用增量和技术效率参数变化导致的边际效用应该相等。

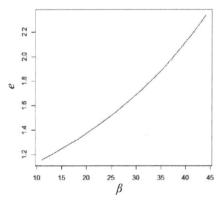

图7.2　技术效率水平与社会资本努力的关系

（3）技术效率水平与服务数量。

如图7.3所示，技术效率参数 β 逐渐增加时，服务数量 q 也逐渐增加，而且服务数量增加的幅度伴随技术效率参数增加而逐渐上升，即技术效率水平差的企业更倾向于提供更多的垃圾处理服务，例如清扫更多的区域，清运更多的生活垃圾。如果社会资本技术效率水平可能发生变化，那么为了平衡该社会资本技术效率水平下降 1 个单位而增加的服务数量将大于该社会资本技术效率水平上升 1 个单位而减少的服务数量。所以，技术效率水平越高的社会资本愿意提供的垃圾处理服务数量越少，技术效率水平越低的社会资本提供的垃圾处理服务数量越多。这种情况产生的原因可能有以下几种：第一种，技术效率水平高的社会资本已经在设备投入和产出上实现了最优配置，如果继续提高服务产出数量将降低社会资本竞争力。在这里，社会资本的产出即是垃圾处理服务。因为技术效率水平高的企业如果要提供更多的服务并在所有服务区域保持垃圾处理 PPP 项目合同约定的技术效率水平，则需要配备更多的垃圾处理专项设备。这种做法对社会资本而言是不划算的。比如，高技术效率水平的社会资本提供 1 个单位的垃圾处理服务可能需要配备的设备投入为 a，由于社会资本已经实现最优配置，如果社会资本提供 2 个单位的垃圾处理服务需要配备的设备数量大于 $2a$，这种情况下，可能导致服务成本增加和服务价格上升，社会资本的市场竞争力下降。所以，社会资本不会增加服务数量，仅仅将服务产出控制在 1 个单位的水平上。第二种，高技术效率水平的社会资本当前并未实现资源最优配置，但服务数量的增加可能使其在垃圾处理 PPP 项目合作中的再谈判主动权降低。在这种情况下，即便将服务数量从 1 个单位增加到 2 个单位，社会资本需要配备的专用设备也不会超过 $2a$ 个单位。从投入产出来看，增加服务供给对社会资本而言似乎是经济的。然而，垃圾处理专用设备的过多投入虽然可能使社会资本在合作谈判中更容易获得合约，但在项目进入执行阶段后，如果项目运营因外部环境变化而被迫改变时，过多投入设备使得社会资本对项目合作黏性增强，则可能使社会资本和政府进入再谈判程序时的主动权降低，不利于发出退出威胁并让政府接受自己的再谈判条件。第三种，低技术效率水平的社会资本扩大垃圾处理服务供给的难度相对更低。以垃圾清扫 PPP 项目为例，低技术效率水平的社会资本可以依靠雇佣更多的劳动力来实现垃圾处理服务数量增加。相对于其他的行业而言，垃圾处理服务行业对劳动力的技术能力要求比较低，经过简单培训后即可尽快上岗。如果垃圾处理 PPP 项目执行过程中服务成本因社会经济条件变化而发生改变，社会资本和政府启动再谈判程序时，由于自身的垃圾处理专项设备较少，其发出的退出威胁更容易被政府接受。同时，由于社会资本在服务中聘用了大量的劳动力，一旦社会资本退出垃圾处理PPP项目或者停止服务，地方政府将面临较多劳动力再就业压力。所以，相比技术效率水平高的社会资本而言，政府可能更容易接受技术效率水平低的社会资本的再谈判条件。

在政府和社会资本的合作谈判中，如果地方政府希望借助垃圾处理PPP项目合作提升区域内的垃圾处理服务产业水平，可以考虑选择具有较高技术效率水平的社会资本进行合作，并将区域内的垃圾处理服务进行分割，选择和多个社会资本合作。如果地方政府希望增加当地劳动力就业水平，则可能考虑和低技术效率水平的社会资本进行合作，如果条件合适，甚至可以将区域内的垃圾处理服务整体打包后交给单个社会资本。

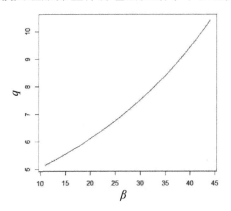

图7.3 技术效率水平与服务数量的关系

（4）技术效率水平和平均成本。

图7.4展示的是技术效率参数与平均成本之间的关系。如图所示，当技术效率参数增加时，平均成本逐渐降低；当技术效率参数减少时，平均成本逐渐增加。也就是说，当社会资本的技术效率水平越高时，其提供垃圾处理服务的平均成本越低；社会资本的技术效率水平越低时，其提供的垃圾处理服务平均成本反而越高。根据式（7.2）的表述，在分析中将垃圾处理服务的固定支出标准化为零后，垃圾处理服务成本是技术效率参数、社会资本努力、服务质量和服务数量的函数。式（7.2）中沿用了让·雅克·

拉丰和让·梯诺尔的经典服务成本函数形式，从中分析得到平均成本可以用服务质量与技术效率参数之和再扣减社会资本努力得到。结合图7.1和图7.2可观察到，技术效率参数低（技术效率水平高）的社会资本其服务质量较高且社会资本努力水平较低的特点。结合图7.4可知，对于技术效率水平高的社会资本而言，维持高水平的服务质量是导致其当期服务平均成本偏高的主要原因。

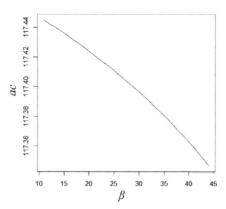

图7.4　技术效率水平与平均成本的关系

（5）技术效率水平和社会资本总效用。

如图7.5所示，社会资本总效用均为非负，满足社会资本参与垃圾处理PPP项目的基本约束条件。当技术效率参数增加时，社会资本的总效用逐渐降低。社会资本的技术效率水平越低，获得的总效用越低；社会资本的技术效率水平越高，获得的总效用越高。

在本次仿真中，社会资本总效用降低幅度随技术效率参数增加而增大，即社会资本总效用降低速度越来越快。对于社会资本来说，技术效率水平下降1个单位将导致其总效用减少，且减少的幅度大于其技术效率水平提高1个单位导致的总效用增加幅度。所以，为了避免总效用大幅降低，社会资本将会尽力维持自己的技术效率水平在最佳状态。

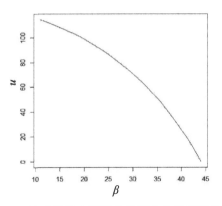

图7.5 技术效率水平和社会资本总效用的关系

（6）技术效率水平和社会资本当期效用。

图7.6展示的是技术效率参数和社会资本当期效用之间的关系。由图7.6可知，当社会资本技术效率参数逐渐增加时，社会资本的当期福利也会逐渐增加。当社会资本技术效率水平逐渐提升时，社会资本参与垃圾处理PPP项目的当期效用会逐渐降低；当社会资本技术效率水平逐渐降低时，社会资本参与垃圾处理PPP项目的当期效用会逐渐增加。对于社会资本而言，技术效率参数增加一个单位（即技术效率水平降低一个单位）导致的当期效用增加幅度小于技术效率参数减少一个单位（即技术效率水平增加一个单位）导致的当期效用减少。图7.6中的当期效用均为负值，说明在跨期决策中，社会资本愿意在当期以负效用的方式提供垃圾处理服务。结合图7.5和图7.6，社会资本的总效用均是非负的，说明社会资本愿意用当期负效用赢得合约，并通过下期继续合作而实现跨期决策中总效用为非正的结果。从图7.6可以看到，越是技术效率水平高的社会资本，越倾向于以当期更低的效用水平获得合作机会。这种状态和生活中的"赔本赚吆喝"很接近，社会资本的目的是通过当期合作机会借助良好的声誉塑造提升下期获得合约的可能性。

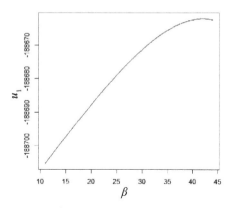

图7.6 技术效率水平和社会资本当期效用的关系

（7）技术效率水平和社会资本转移支付。

图7.7展示的是技术效率参数和社会资本转移支付之间的关系。如图所示，当技术效率参数增加时，社会资本在垃圾处理PPP项目合作中的当期转移支付逐渐增加。即随着技术效率水平降低，社会资本的转移支付也逐渐增加。在本次仿真中，转移支付增加幅度随社会资本技术效率参数增加而减小，即转移支付提升速度减缓。处于某技术效率水平的社会资本，其增加1个单位技术效率参数（降低1个单位技术效率水平）导致的当期转移支付增加幅度小于减少1个单位技术效率参数（增加1个单位技术效率水平）导致的当期转移支付降低幅度。这种状况将促使社会资本将自身的技术效率水平维持在所能企及的最佳状态，以此保障最高的转移支付。

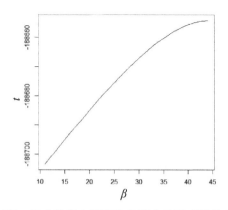

图7.7 技术效率水平和社会资本转移支付的关系

根据前文的分析，转移支付可以被看作社会资本参与垃圾处理PPP项目所能得到的利润总额。在本次模拟中，社会资本倾向于在本期以负利润提供垃圾处理服务，希望通过营造良好的声誉为下期获得合约制造机会，并希望通过下期合约实现正利润，最终使得跨期合作实现非负利润。所以，社会资本在垃圾处理PPP项目合作当期的负利润是需要借助下期的正利润来冲抵的。虽然在跨期合作中社会资本最终会实现总效用非负，但其实现的关键是通过声誉营造并获得下期合作机会。如果社会资本在当期合作中的声誉营造并未达到预期效果，获得下期合约的可能性降低，考虑到本期是以负利润提供服务，那么导致社会资本可能会"破罐子破摔"，直接大幅度降低垃圾处理服务绩效。

对于政府而言，通过选择社会资本以合理的价格向社会公众提供优质服务是其在垃圾处理PPP模式推广中的应尽之责。这里的合理价格并非最低价格。当竞标价格过低时，虽然可以控制社会资本获得的利润，却可能导致社会资本在经营过程中抗风险能力过低，遇到意外事故发生则变得极为脆弱。社会资本的初衷是希望当期提供优质服务换取下期合作机会并实现目标利润或者目标效用。如果在当期合作中因为某些意外或者失误导致社会资本声誉遭破坏，尤其是影响社会资本获得下期合约机会时，社会资本的"最佳策略"就是在本期剩余合作期间降低服务绩效。这种局面将违背政府推广PPP模式的初衷。

所以，在招投标过程中，政府需要对招标条件和绩效要求进行考量，选择社会资本的条件也不能单纯局限于价格，需要适当放松对社会资本的利润要求，以避免社会资本以超低价格和负利润提供服务，从而增大服务供给保障的脆弱性。如果是以最低价格和当期非负利润和社会资本展开合作，需要配套相应的容错机制，允许社会资本在服务供给出现意外后仍有机会通过后期加强管理和提升服务绩效来挽回声誉。

二、服务质量与其他变量的关系分析

（1）服务质量和社会资本努力水平。

图7.8展示的是服务质量和社会资本努力水平之间的关系。在本次模拟中，当服务质量提升时，社会资本努力水平逐渐降低；当服务质量降低时，

社会资本努力水平逐渐增加。按照让·雅克·拉丰和让·梯诺尔的假设，社会资本努力水平的提高能够控制服务成本。所以，服务质量和社会资本努力水平之间的这种关系变化可能是因为当社会资本努力水平提高时，社会资本会加强对服务成本的控制，但服务成本的压缩可能会导致社会资本放松对服务质量的要求，进而导致服务质量下降。当社会资本努力水平降低时，社会资本对服务成本的控制力度也可能降低，服务成本的宽松使得社会资本可以有空间提升服务质量。所以，社会资本努力水平的提高可能会间接导致服务质量的降低，社会资本努力水平的降低反而可能导致服务质量的提升。

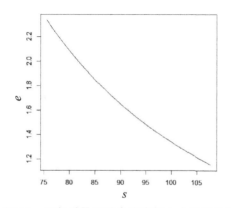

图7.8　服务质量和社会资本努力水平的关系

（2）服务质量和服务数量。

图7.9展示的是服务质量和服务数量的关系。当服务质量增加时，服务数量呈下降趋势；当服务质量减少时，服务数量呈上升趋势。当其他条件保持不变，而政府对垃圾处理服务的质量要求提高时，社会资本只愿意提供少量服务；当政府对垃圾处理服务的质量要求降低时，社会资本愿意提供更多服务。图7.9展示的是政府对社会资本进行绩效激励规制时的最佳结果。在现实生活中，当政府对社会资本提供的垃圾处理服务的（服务质量、服务数量）组合不在图7.9所示曲线上时，社会资本有动机将自身提供的服务质量和服务数量组合向曲线移动。例如，政府要求社会资本在既定服务数量基础上提升服务质量，按照最优绩效激励规制要求，提升服务质量并非社会资本的最优决策，社会资本为了获得合约，可能也会按照政府的要

求承诺相应的服务供给。在实际项目执行过程中，社会资本可能在某些区域提供合乎政府质量要求的服务，在某些区域则可能降低服务质量，最终使得垃圾处理服务的服务数量和服务质量维持在曲线之上。

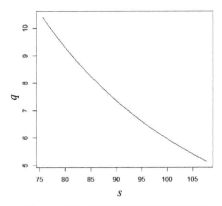

图7.9　服务质量和服务数量的关系

（3）服务质量和平均成本。

图7.10展示的是服务质量和平均成本的关系。如图所示，当服务质量提升时，平均成本也相应增加；当服务质量降低时，平均成本也相应减少。从前面的分析已经知道，高技术效率水平的社会资本倾向于在当期通过高质量的服务营造良好的声誉，以此增大获得下期合约的可能性。在影响服务成本的各个因素中，服务质量起主导作用，所以最终呈现的结果是较高的服务质量会显著增加垃圾处理服务成本。对于政府而言，在合作谈判中需要掌握服务质量和服务成本之间的相互作用关系，以便政企双方合作谈判时在二者中进行取舍和均衡。

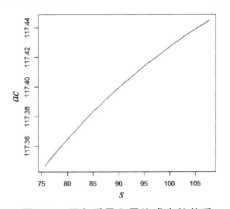

图7.10　服务质量和平均成本的关系

（4）服务质量和社会资本总效用。

图7.11展示的是服务质量和社会资本总效用的关系。如图所示，当社会资本当期服务质量增加时，社会资本的总效用也相应增加。社会资本的总效用是当期效用和下期效用期望现值加总之和。当社会资本当期服务质量增加时，社会资本因当期垃圾处理服务营造的声誉也会越好，社会资本获得下期合约的可能性增加，下期效用得以实现的可能性也会增强。下期到当期折现率不变时，下期效用期望现值也会越高，最终导致总效用也会增加。而且，从本次模拟来看，社会资本服务质量提升1个单位导致的总效用增加幅度小于社会资本服务质量减少1个单位导致的总效用减少幅度。所以，为了获得更高的效用，社会资本会让服务质量维持在自己能够实现的最佳水平，以此保障总效用的实现。

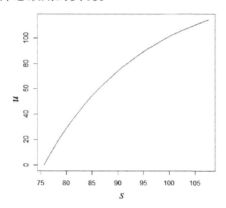

图7.11　服务质量和社会资本总效用的关系

（5）服务质量和社会资本当期效用。

图7.12展示的是服务质量和社会资本当期效用之间的关系。如图所示，当服务质量增加时，社会资本当期效用相应减少；服务质量降低时，社会资本当期效用相应增加。从本次模拟来看，伴随服务质量的增加，社会资本当前效用降低的幅度逐渐增加。当社会资本将服务质量控制在某个水平上并因此实现相应的当期效用时，社会资本将服务质量降低1个单位导致的当期效用增加幅度会小于将服务质量提升1个单位导致的当期效用减少幅度。如果社会资本不希望降低当期效用，则会将服务质量维持在自己能控制的最佳状态。在图7.12中，社会资本当期效用均为负值，说明社会资本

为了获得下期合约机会，愿意牺牲当期效用并以负效用提供服务。

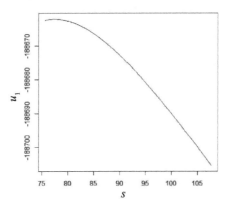

图7.12　服务质量和社会资本当期效用的关系

（6）服务质量和转移支付。

图7.13展示的是服务质量和转移支付之间的关系。图7.13和图7.12在形状上是很接近的。当社会资本提供的垃圾处理服务质量提高时，其获得的转移支付相应减少；当社会资本提供的垃圾处理服务质量降低时，其获得的转移支付相应提高。或者反过来理解：当社会资本得到的转移支付较低时，他们愿意提供较高质量的垃圾处理服务；当社会资本得到的转移支付较高时，他们只想提供较低质量的垃圾处理服务。在图7.13中，社会资本提供垃圾处理服务得到的转移支付都是负值。在前文分析中，转移支付可被理解为社会资本在当期提供服务获得的利润。所以，社会资本在当期愿意以负利润提供服务。

这里需要辨别的是，虽然社会资本愿意以负利润提供服务，并不代表政府不需要向社会资本提供支付。政府向社会资本支付的货币总额包括社会资本因提供垃圾处理服务而发生的成本支出和社会资本应得的利润总额。即便当期利润是负值，只要提供垃圾处理服务的成本支出大于社会资本应得的利润总额，政府仍然需要向社会资本提供支付。

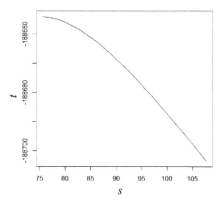

图7.13　服务质量和转移支付的关系

三、社会资本努力与其他变量的关系分析

（1）社会资本努力和服务数量。

图7.14展示的是社会资本努力和服务数量之间的关系。如图所示，当社会资本努力水平提高时，服务数量也相应增加；当社会资本努力水平降低时，服务数量也相应减少。反而言之，当服务数量增加时，社会资本努力也会相应增加；当服务数量减少时，社会资本努力也会相应减少。结合前面的分析，这种情况的发生可能是因为社会资本努力水平增加表明社会资本对服务成本控制可能变得更加严格，社会资本倾向于用更多的劳动力替代垃圾处理专业设备来实现。技术效率参数的降低使得社会资本获得了成本竞争优势，更倾向于提高服务供给数量。所以，从图7.14可以看到，社会资本努力和服务数量呈正向变化。

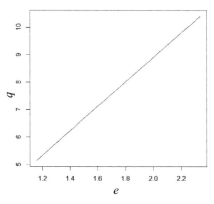

图7.14　社会资本努力和服务数量的关系

（2）社会资本努力和平均成本。

图7.15展示的是社会资本努力水平和平均成本之间的关系。如图所示，当社会资本努力水平降低时，平均成本相应增加；当社会资本努力水平提高时，平均成本反而降低。根据让·雅克·拉丰和让·梯诺尔对社会资本努力水平的基本界定，社会资本可以通过提升自身努力水平降低服务成本。所以，图7.15展示的情况和二位学者的基本界定是一致的。

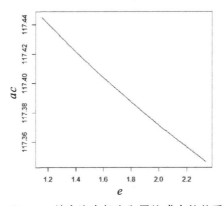

图7.15　社会资本努力和平均成本的关系

（3）社会资本努力和社会资本总效用。

图7.16展示的是社会资本努力水平和社会资本在跨期决策中可能实现的总效用之间的关系。如图所示，当社会资本努力水平增加时，社会资本总效用逐渐降低；当社会资本努力水平降低时，社会资本总效用逐渐增加。也可以这样来理解：当社会资本希望实现较高的跨期决策总效用时，其付出的努力水平较低；当社会资本实现的跨期决策总效用较低时，其付出的努力水平更高。这种情况的发生可能有两种原因：第一，当社会资本努力水平提高时，垃圾处理PPP项目的服务成本控制会更加严格。社会资本可能牺牲部分服务质量换取服务成本的降低。然而，服务质量的降低在当期虽然可以使服务成本降低，却不利于社会资本营造良好声誉并提升下期获得合作机会的可能。由于获得下期垃圾处理PPP项目服务合约的可能性降低，下期效用实现的可能性也相应降低，所以社会资本总效用减少。第二，社会资本努力水平提升将导致社会资本负效用增加。按照式（7.3），社会资本负效用增加将导致社会资本当期效用减少。社会资本总效用是社会资本

当期效用和下期期望效用的现值加总之和。如果当期效用减少，社会资本的总效用也会相应降低。

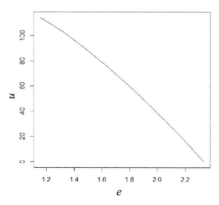

图7.16　社会资本努力和社会资本总效用的关系

（4）社会资本努力和社会资本当期效用。

图7.17展示的是社会资本努力水平和社会资本当期效用之间的关系。如图所示，当社会资本努力水平增加时，社会资本提供垃圾处理服务得到的当期效用逐渐增加；当社会资本努力水平降低时，社会资本提供垃圾处理服务得到的当期效用逐渐减少。根据式（7.3），社会资本当期效用是社会资本能够得到的当期转移支付扣减社会资本在当期因付出努力而导致的负效用之差。所以，当社会资本努力水平提高而导致负效用增加时，社会资本从当期服务供给中得到的利润增加应该大于负效用增加，以此保证当期效用增长。从本次模拟来看，社会资本当期效用均为负值。说明社会资本当期得到的利润并不能弥补其因努力控制成本而带来的负效用。然而，在图7.17中，社会资本的总效用均为非负。由此可见社会资本在本期承受的负效用通常需要用下期垃圾处理服务供给获得的正效用进行弥补。

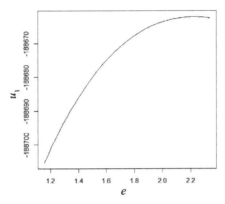

图7.17　社会资本努力和社会资本当期效用的关系

（5）社会资本努力和转移支付。

图7.18展示的是社会资本努力水平和转移支付之间的关系。如图所示，当社会资本努力水平提升时，转移支付增加；当社会资本努力水平降低时，转移支付减少。或者这样理解：当社会资本得到的转移支付较多时，其付出的努力水平也增加；当社会资本得到的转移支付较少时，其付出的努力水平也减少。如果将转移支付理解为社会资本在当期提供垃圾处理服务所能得到的利润，那么从图7.18可以看到，社会资本在当期付出的努力水平与得到的当期利润呈正向变化关系。由此可见，控制社会资本的盈利水平和激励社会资本提升努力水平之间是相互促进的。政府在垃圾处理PPP项目合作谈判中可以通过设计合理的激励规制机制使社会资本通过努力获得其目标利润。不过需要注意的是，跨期决策中社会资本通常会在当期以负利润提供服务。这种负利润的状态虽然是社会资本的"最佳决策"，却可能使社会资本供给服务的持续性变得脆弱。和前面分析相似，如果社会资本获得未来合约的机会因突发事件降低，当期利润本身就是负利润的话，就会导致社会资本在当期剩余合作期间"破罐子破摔"，放弃对垃圾处理服务绩效的控制，甚至可能影响垃圾处理服务供给终端，公众利益受损。

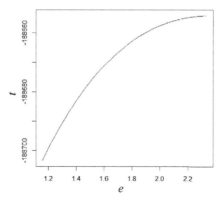

图 7.18　社会资本努力和转移支付的关系

四、服务数量与其他变量的关系分析

（1）服务数量和平均成本。

图 7.19 展示的是服务数量和平均成本的关系。如图所示，当服务数量增加时，平均成本逐渐减少；当服务数量减少时，平均成本逐渐增加。根据经济学的经典分析，保持其他条件不变，当服务数量增加时，由于规模效应的存在，垃圾处理服务的平均成本也可能逐渐降低。然而，这种变化关系的存在主要是针对单个社会资本而言的。当社会资本投入固定时，由于各要素组合之间对服务生产存在一定的张力，在各要素组合的生产能力耗尽之前，伴随服务数量的增加，平均服务成本将逐渐降低。本文分析中默认社会资本已经在生产投入与服务产出方面实现最优配置，不考虑可能存在的规模效应，主要比较具有不同技术效率水平的社会资本在垃圾处理PPP项目合作中的产出决策。所以，图 7.19 中平均成本伴随服务数量的降低主要是处于不同技术效率水平的社会资本在实现自身效用最大化时的决策导致的。根据前文的分析，技术效率水平较低的社会资本在当期倾向于以较低服务质量提供更多服务，并为此付出更多努力。同时，技术效率水平较高的社会资本在当期倾向于以较高服务质量提供较少服务，只愿意为此付出较少努力。所以，单独观察服务数量和平均成本之间的关系时可以发现，垃圾处理服务的平均成本较低时服务数量较多，垃圾处理服务的平均成本较高时服务数量则较低。

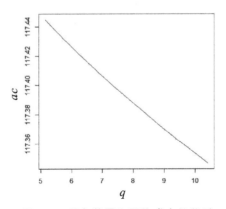

图7.19 服务数量和平均成本的关系

（2）服务数量和总效用。

图7.20展示的是服务数量和总效用的关系。如图所示，当服务数量增加时，社会资本在跨期服务中得到的总效用逐渐减少；当服务数量减少时，社会资本在跨期服务中得到的总效用逐渐增加。即提供服务数量多的社会资本只能获得较低的总效用，服务数量供给少的社会资本反而可以获得较高的总效用。在前面的分析中，社会资本的技术效率水平较低时，更愿意增加服务数量；社会资本的技术效率水平较高时，只愿意提供较少的服务数量。同时，技术效率水平高的社会资本可利用自身优势在跨期决策中获得更高的总效用，技术效率水平低的社会资本却只能获得较低的总效用。将上述两种关系结合，即可得到社会资本服务数量和总效用之间的关系。

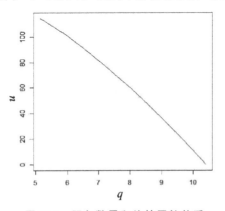

图7.20 服务数量和总效用的关系

（3）服务数量和当期效用。

图7.21展示的是服务数量和当期效用之间的关系。如图所示，当服务数量增加时，社会资本在当期垃圾处理服务供给中获得的效用逐渐增加；当服务数量减少时，社会资本在当期垃圾处理服务供给中获得的效用逐渐减少。即垃圾处理服务数量供给与社会资本当期能够实现的效用呈正相关关系。从本次模拟来看，伴随服务数量的增加，当前效用变化的幅度逐渐减少。即维持服务数量在某供给水平上，服务数量增加1个单位时伴随的当期效用增加量小于服务数量减少1个单位时伴随的当期效用减少量。所以，社会资本将在自己能力范围内维持自身服务数量在最高水平。将图7.21和图7.20相联系，在当期服务数量较高的社会资本虽然能够在当期实现较高效用，但在跨期决策中却只能实现较低效用。出现这种情况的原因可能是在当期愿意提供较多服务数量的一般是技术效率水平较低的社会资本，相对那些技术效率水平较高的社会资本来说，他们的服务质量一般较低，获得下期合约的可能性也比较低，所以总效用不高。这部分技术效率水平较低的社会资本更倾向于通过在当期实现较高的当期效用，而不会将希望寄托在下期合约中。

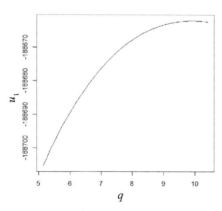

图7.21　服务数量和当期效用的关系

（4）服务数量和转移支付。

图7.22展示的是服务数量和转移支付之间的关系。如图所示，当服务数量增加时，社会资本在垃圾处理PPP项目中能够得到的转移支付也相应增加；当服务数量减少时，社会资本在当期得到的转移支付也相应减少。

把图7.22和图7.21相联系，将转移支付看作社会资本在当期可以实现的利润，则社会资本在当期提供的垃圾处理服务数量越多，当期效用越高，相应的利润也会越高。反之，社会资本在当期提供的垃圾处理服务数量越低，当期效用越低，相应的利润也越低。而且，图7.21和图7.22中，转移支付和当期效用的数额都是负数，即社会资本在当期的利润和可实现的效用都是负数。这说明社会资本在跨期决策中都会牺牲当期效用和利润来实现总体效用的最大化。与前文分析相联系，技术效率水平较低的社会资本在当期提供的服务数量较多，技术效率水平较高的社会资本在当期提供的服务数量较少。所以，技术效率水平较高的社会资本在当期愿意以更低的当期效用和当期利润获得合约机会。

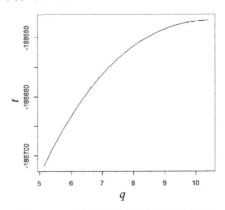

图7.22　服务数量和转移支付的关系

五、平均成本和其他变量的关系分析

（1）平均成本和总效用。

图7.23展示的是平均成本和总效用之间的关系。如图所示，平均成本越高，社会资本在跨期决策中能够得到的总效用越高；平均成本越低，社会资本在跨期决策中能够得到的总效用越低。如果在垃圾处理PPP项目招标时，政府按照平均成本最低原则或者社会资本总效用最低原则选择合作社会资本的话，按照图7.23所示，被选中参与垃圾处理PPP项目的社会资本在跨期决策中将得到最低的总效用。根据前文的分析，此时社会资本将以最低的技术效率水平和最高的努力向社会公众提供最低服务质量。所以，

最低的平均成本将与最低的技术效率水平和最低的服务质量相联系。政府需要将最低服务质量和当地公众对垃圾处理服务质量的要求进行比较，如果最低服务质量已经超过当地公众对服务质量的最低要求，政府可以考虑选择最低技术效率水平的社会资本进行合作。如果最低服务质量不能满足当地公众对服务质量的最低要求，则政府需要放弃最低成本原则，充分考虑服务质量对服务成本的影响后再重新选择合适的社会资本进行合作。需要补充说明的是，这里提到的最低服务质量、最低技术效率水平和最低平均成本等，其比较范围与政府根据自身掌握的技术效率参数先验信息考察的社会资本范围是一致的，如果政府只是针对参与垃圾处理PPP项目投标的社会资本进行分析，则最低服务质量、最低技术效率水平和最低平均成本都代表参与投标的社会资本所能实现的最低水平。如果政府掌握的技术效率参数先验信息是区域内所有社会资本的信息，则分析得到的最低服务质量、最低技术效率水平和最低平均成本代表的是区域内的社会资本所能实现的最低水平。

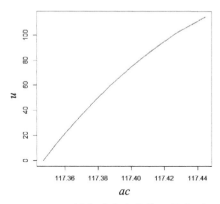

图7.23　平均成本和总效用的关系

（2）平均成本和当期效用。

图7.24展示的是平均成本和当期效用之间的关系。如图所示，当平均成本增加时，社会资本参与垃圾处理PPP项目所能实现的当期效用逐渐减少；当平均成本降低时，社会资本所能实现的当期效用逐渐增加。而且，在本次模拟中，在任意平均成本水平上，如果社会资本将服务成本增加1个单位导致的当期效用减少幅度将大于社会资本将服务成本减少1个单位导致

的当期效用增加幅度。所以，社会资本在自己能力范围内将尽量控制垃圾处理服务的平均成本在最低水平。

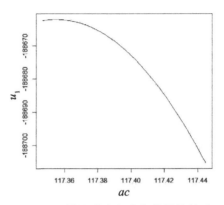

图7.24　平均成本和当期效用的关系

（3）平均成本和转移支付。

图7.25展示的是平均成本和转移支付之间的关系。如图所示，当平均成本逐渐增加时，社会资本当期转移支付逐渐减少；当平均成本逐渐减少时，社会资本当期转移支付逐渐增加。即对于平均成本较低的社会资本来说，其在当期所能得到的利润是比较高的；对于平均成本较高的社会资本来说，其在当期所能实现的利润是比较低的。在本次模拟中，在任意平均成本水平上，社会资本将平均成本提高1个单位导致的当期转移支付降低幅度大于将平均成本降低1个单位导致的当期转移支付增加幅度。所以，为了维持最高的当期利润，社会资本将尽量维持较低的平均成本，即社会资本在自己能力范围内有动力将平均成本控制在最优水平。

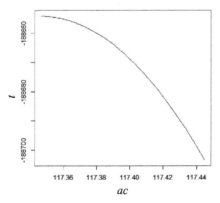

图7.25　平均成本和转移支付的关系

六、总效用、当期效用和转移支付的关系分析

图 7.26 展示的是总效用和当期效用之间的关系，图 7.27 展示的是总效用和转移支付之间的关系，图 7.28 展示的是当期效用和转移支付之间的关系。图 7.26 和图 7.27 的图形走势是比较接近的。图 7.26 中，当总效用增加时，当期效用逐渐减少；当总效用降低时，当期效用逐渐增加。图 7.27 中，总效用增加时，转移支付不断减少；总效用降低时，转移支付不断增加。所以，当社会资本的总效用增加时，转移支付和当期效用都呈降低趋势；当社会资本的总效用减少时，转移支付和当期效用都呈增加趋势。图 7.28 中，转移支付增加时，当期效用不断增加；转移支付减少时，当期效用不断降低。即在垃圾处理 PPP 项目中，社会资本的当期效用和转移支付是同步变化的。结合前面的分析，如果社会资本技术效率水平较高，他们愿意在当期以较低的转移支付和当期效用提供高质量的服务，以此营造良好声誉并增加获得下期合约的机会。一旦获得下期合约后，具有较高技术效率水平的社会资本将改变负利润和负效用供给服务的状态，在下期合作中实现较高效用，以此保障自身在跨期决策中的效用目标。所以，虽然具有较高技术效率水平的社会资本在当期实现的利润和效用都比具有较低技术效率水平的社会资本低，当具有较高技术效率水平的社会资本获得下期合作机会后，其跨期决策中获得的效用总额却比具有较低社会效率水平的社会资本要高很多。

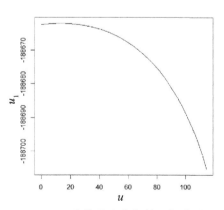

图 7.26　总效用和当期效用的关系

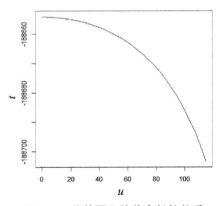

图7.27 总效用和转移支付的关系

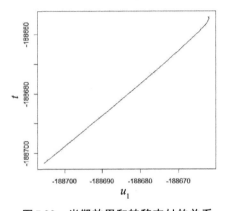

图7.28 当期效用和转移支付的关系

七、各变量之间的关系汇总

前文通过对绩效激励规制结果进行仿真模拟，借助图形展示了各变量之间的关系。如果以模拟仿真分析为基础，用"+"代表两个变量之间的正向变动关系，用"−"代表两个变量之间的负向变动关系，各变量的变化情况可以汇总整理如表7.3所示。

表7.3 各变量之间的关系

变量名称	技术效率水平	服务质量	社会资本努力	服务数量	平均成本	总效用	当期效用	转移支付
技术效率水平								
服务质量	+							
社会资本努力	−	−						
服务数量	−		+					
平均成本	+	+	−	−				
总效用	+	+	−	−	+			
当期效用	−		+	+				
转移支付	−	−	+	+	−	−	+	

表7.3展示了垃圾处理PPP项目中，政府以社会总体福利最大化为目标对社会资本实施绩效激励，社会资本根据垃圾处理服务特征在政府规制机制下进行最优跨期决策时技术效率水平、服务质量、社会资本努力、服务数量、平均成本、总效用、当期效用和转移支付之间的两两关系。如果在垃圾处理PPP项目中将技术效率水平与服务项目的机械化水平相关联，转移支付理解为社会资本当期利润，政府在垃圾处理PPP项目中与社会资本进行合作谈判时，可以根据图7.3中各变量之间的两两关系均衡协调各绩效关键指标之间的取舍和变化。

小　结

本章首先根据中国垃圾处理服务供给实践和政府购买公共服务激励规制理论设定研究的前提假设，然后通过构建垃圾处理服务成本函数、社会福利函数和激励相容条件求解社会福利最优解，并进行绩效激励规制设计，最后根据理论推导结果借助R语言对技术效率水平、服务质量、社会资本努力、服务数量、平均成本、总效用、当期效用和转移支付等社会资本关键决策变量的变化情况进行模拟仿真，从而分析变量之间的两两变动关系和变动边界并验证了"假设4：基于公众利益实现最优垃圾处理PPP项目绩效激励规制时的关键绩效指标存在变动边界"。

第八章 结论与建议

第一节 研究结论

本书以定性分析和定量分析为主要手段，基于公众利益对垃圾处理PPP项目绩效评价指标体系进行分析。

定性分析主要运用于政府供给模式下垃圾处理服务绩效指标演变路径研究和PPP模式对垃圾处理服务绩效指标制定的影响研究两个方面，以此判断垃圾处理服务绩效指标制定的基本趋势和PPP模式下政府对社会资本绩效指标制定的基本要求。

定量分析主要运用于从公众利益视角识别分析垃圾处理PPP项目关键绩效指标关系和垃圾处理PPP项目绩效激励规制分析。绩效指标在垃圾处理PPP项目合作谈判时经政府和社会资本协商确定，在按效付费机制下是政企双方合作过程中服务费用支付的主要依据。PPP项目中，政府借助社会资本的专业服务能力向公众提供垃圾处理公共服务，同时也希望社会资本能够承担传统供给模式下相应的保护公众利益、重视生态保护、提升资金使用效率等政府基本职责。政府对提供垃圾处理服务的社会资本的责任期许是多样化的。如果将多样化的社会责任期许结合各项目实施区域个性化特点再转化为相应的垃圾处理PPP项目绩效指标，虽然可以从政府角度针对各项目形成具有针对性的绩效指标体系，却难以捕捉变化指标之间的互动关系并形成相对稳定的绩效指标体系构建思路。从社会资本角度来看，无论政府提出的绩效要求是什么，根据让·雅克·拉丰和让·梯诺尔的激励规制理论，对于政府在绩效指标中提及的各种需求，社会资本决策时都会转化为与服务供给相应对的关键指标，而且社会资本进行经营决策时考核的关键绩效指标是相对稳定的。针对相对稳定的关键绩效指标进行分析并探索各绩效指标变量之间的互动关系，将有助于形成可被推广复制的绩效指标体系构建思路。

通过前文分析，得到相关结论如下：

（1）政府供给模式下的垃圾处理服务绩效指标制定存在路径依赖。政府供给模式下，从中央政府或者地方政府制定的垃圾处理服务绩效指标体系来看，环境效果都是政府持续关注的重点。虽然伴随社会经济发展、垃圾产业水平提升和公众需求变化，环境效果的内涵处于不断丰富发展的状态，总体看来，对于垃圾处理服务环境效果的重视却从改变。

（2）PPP模式对垃圾处理服务绩效指标制定会产生影响。政府供给模式下的制定垃圾处理服务绩效指标主要是公众能够感知的与服务产出相关的显性指标，政府为了服务供给提供的相关保障并未体现出来。垃圾处理PPP项目在制定绩效指标时需要将政府未曾体现的隐性指标进行显化，由此导致垃圾处理服务绩效指标制定思路和结果发生变化。政府供给模式下的垃圾处理服务供给绩效主要关注服务环境效果。按照政府出台的《绩效管理操作指引》，以服务运营期为例，垃圾处理PPP项目绩效指标制定除了需要注重服务运营、成本和安全等产出指标外，还需要考虑生态、经济、社会满意度、服务持续性等效果指标以及预算、信息公开和监督等管理指标。

（3）基于公众利益的垃圾处理PPP项目关键绩效指标之间相互联系。为了体现并保障公众利益，政府和社会资本在垃圾处理PPP项目合同中签订的绩效条款可能是多样化的，根据让·雅克·拉丰和让·梯诺尔的激励规制理论，社会资本进行垃圾处理服务供给决策时考虑的关键绩效指标却是相对稳定的。影响社会资本垃圾处理服务供给决策的关键绩效指标是服务数量、服务质量、社会资本努力水平、服务成本和技术效率水平。这几个关键绩效指标之间存在相互影响相互作用的关系，社会资本需要均衡关键指标之间的互动情况，从而做出供给决策。

（4）基于公众利益的垃圾处理PPP项目关键绩效指标变化存在互动边界。根据让·雅克·拉丰和让·梯诺尔的激励规制理论，以公众利益保护为出发点并结合垃圾处理服务具有的经验品特点求解社会福利最大化条件下的最优绩效激励规制方案时，技术效率水平、服务数量、服务质量、社会资本努力水平和服务平均成本等关键绩效指标之间展现出相互关联牵制的变化状态,并影响社会资本提供垃圾处理服务的总效用、当期效用和转移支付。政府和社会资本进行垃圾处理PPP项目合作谈判时需要均衡各关键绩效指标变化,再协商绩效指标体系。

第二节 对策建议

结合《绩效管理操作指引》、部分城市生活垃圾处理PPP项目绩效指标体系构建实践和前文研究结论,为了保护公众利益、提升垃圾处理服务供给绩效并促进PPP项目规范实施,生活垃圾处理PPP项目绩效指标体系可从以下几个方面加以改进。

一、统一垃圾处理服务绩效指标评价框架

《绩效管理操作指引》中提出的PPP项目绩效评价共性指标框架只是一个建议框架,并没有强制要求所有PPP项目必须使用该绩效指标体系。如果考虑到生活垃圾处理PPP项目的不同服务内容和各地社会经济发展水平差异,很难要求所有项目绩效指标保持一致。但是,统一的绩效指标框架不仅有利于政府和公众监管,保障公众利益,还能够降低不同区域社会资本进入障碍,减少政府和社会资本交易成本,提升PPP项目对社会资本的吸引力。所以,各地城市生活垃圾处理PPP项目,无论是项目建设期还是运营期绩效指标制定,都可以借助《绩效管理操作指引》PPP项目绩效评价共性指标框架,结合区域城市生活垃圾处理服务特点,突显物有所值理念,逐渐统一城市生活垃圾处理PPP项目绩效指标基本框架。

生活垃圾处理可以划分为清运、中转和终端处置三个环节,其中终端处置方式有卫生填埋和焚烧两种。常见PPP项目可能包含其中一个或两个环节,也有部分项目会涵盖垃圾处理的全过程。同时,无论是建设期还是运营期,《绩效管理操作指引》中的一级指标都是"产出""效益"和"管理"。所以,可将生活垃圾处理各环节和《绩效管理操作指引》中的绩效指标相结合,对指标进行细化。

以清运环节的PPP项目为例,其建设期主要的产出是垃圾中转站修建。

然而，从目前实际情况来看，大多数区域的垃圾中转站都是现成的，可以直接投入使用。即便社会资本需要在部分区域修建新的垃圾中转站，和常见的PPP项目相比，垃圾中转站的建设期也很短暂。而且，社会资本在修建垃圾中转站的同时仍然会在剩下的区域提供垃圾清运服务。所以，清运类垃圾处理PPP项目绩效指标制定可能不需要单独设定建设期绩效指标，如果确实涉及相应的工程建设，只需要在运营期绩效合约中备注就可以了。反而言之，在运营期的绩效指标设置时也需要考虑可能的建设期内容。例如，可在运营期"产出"的二级指标增添"竣工验收"，主要考核垃圾处理设备和设施的验收，以及项目营运准备相关的设施设备和人员配备等。"社会影响"可以关注项目新增就业岗位，"生态影响"则可考虑垃圾清运车容车貌、清运效果、遗漏散逸、路面设施清洁情况等。"满意度"则可重点关注公众或居民对垃圾处理服务的满意程度。"管理"的二级指标中，"组织管理""资金管理"和"档案管理"主要由项目实施机构结合项目磋商结果进行设定，而"信息公开"则可详细列出需要公开的信息类别、公开时间和平台要求等。详情如表8.1所示。

表8.1　清运类垃圾处理PPP项目绩效指标体系（建议）

一级指标	二级指标	指标解释	说　明
产出	竣工验收	垃圾处理中转站是否竣工验收,垃圾处理设施和人员是否配备齐全	1."产出"指标应作为按效付费的核心指标,指标权重不低于总权重的80%,其中"项目运营"与"项目维护"指标不低于总权重的60%;
	项目运营	垃圾清运数量、清运质量和清运时效完成情况。如清运垃圾重量、面积、路面清洁情况与完成时间等	
	项目维护	垃圾处理设施设备的种类、数量、技术参数、新旧程度和保养维护情况。如机械化垃圾清运数量占比、垃圾处理设备成新率、垃圾处理设备维护频次等	
	成本效益	垃圾清运服务计划成本、垃圾清运服务实际成本、垃圾清运服务成本变化趋势、垃圾清运服务成本构成比例等	
	安全保障	垃圾清运服务中的安全保障情况。如重大事故发生率、安全服务率、应急处理情况等	

一级指标	二级指标	指标解释	说　明
效果	经济影响	垃圾处理服务对区域垃圾处理产业水平的影响,垃圾处理服务对区域经济发展的影响	2.原则上不低于80分才可全额付费
	生态影响	垃圾清运车容车貌、清运效果、遗漏散逸、路面设施清洁情况等	
	社会影响	新增就业情况、收运队伍稳定性、公众投诉、新闻媒体报道与群体性事件等	
	可持续性	垃圾处理服务成本控制情况、重大活动及接待期间服务情况、与社会公众的沟通协调能力、对垃圾处理清运服务的监督检查等	
	满意度	公众(居民)服务满意度、区域内企事业单位服务满意	
管理	组织管理	项目公司组织架构、管理规章制度、人员数量及配置比例等	
	财务管理	项目资金到账情况、资金预算与支出、财务核算合规性	
	制度管理	评价内控制度的健全程度及执行效率	
	档案管理	垃圾处理服务运营,维护信息的完整性、真实性和归整及时性	
	信息公开	垃圾处理服务信息公开机制、垃圾处理服务信息公开渠道或平台、垃圾处理服务信息公开及时性、垃圾处理服务信息公开准确性、公众建议反馈机制、公众信息反馈的满意度等	

二、强化绩效评价的公众参与

城市生活垃圾处理服务涉及区域内众多普通民众,如果服务绩效不能满足作为消费者的公众需求,则可能诱发群体事件,影响社会和谐,不利于保障公众利益。城市生活垃圾处理PPP项目的实施机构主要是地方城管部门或环卫部门,其工作人员数量有限。城市生活垃圾处理PPP项目所覆盖的区域一般范围较大,如果单纯依靠城管部门或者环卫部门监管来实现垃圾处理服务绩效提升,其效果是有限的。如果能够发挥群众力量,在PPP项目绩效评价过程中强化公众参与力度,积极鼓励社会公众参与PPP项目绩效指标制定、绩效信息获取和绩效水平监管,不仅能实现PPP项目中对社会资本服务的全面监督,还有助于及时反馈公众对城市生活垃圾处理服务建议,协助社会资本及时调整运营为公众提供满意服务,增加公众的幸福感和获得感。具体来说，可以在绩效指标制定环节、绩效信息获取环节和绩效监管环节鼓励公众参与。

绩效指标制定环节的公众参与。公众参与绩效指标制定将有助于社会资本和政府部门全面了解公众需求，也有助于公众在PPP模式合作中合理表达自身诉求，降低邻避事件发生的可能性。为了畅通公众参与渠道，减少公众参与障碍，可以通过出台相关的政策法规或者通过政府和社会资本的PPP合同约定的方式，从法律层面对公众利益予以基础保障。此外，还可以通过政府联合社区进行调研、社会资本亲自调研或委托中介机构调研、环保组织主动参与PPP项目合作谈判、研发并推广公众意见调查App等方式鼓励公众参与绩效指标制定。

绩效信息获取环节的公众参与。公众可以通过两种方式获取城市生活垃圾处理绩效服务信息，一种是公众主动获取，公众根据生产生活环境周边的城市生活垃圾处理服务效果获知社会资本服务绩效水平；另一种是公众被动获取，由社会资本向社会公众主动公开。城市生活垃圾处理PPP项目绩效指标制定时可以对社会资本公布的信息类别、公布时间和公布平台等进行要求，从而降低公众获取绩效信息的成本和门槛。政府还可以在垃圾处理PPP项目合同中要求社会资本定期向公众开放垃圾处理场所，让公众可以近距离接触并直观感受垃圾处理服务，从而直接获取垃圾处理服务的相关绩效信息。

绩效监管环节的公众参与。公众可根据自身主动获取的绩效信息或社会资本公布的信息对城市生活垃圾处理服务进行反馈。为了方便公众反馈监管信息，政府可以设置专门平台对公众意见进行收集并对处理情况及时反馈。此外，政府也可以要求社会资本对公众意见进行直接反馈，PPP项目绩效指标中可以要求社会资本对公众反馈信息及时处理并进行通报，通报信息可能包括反馈信息数量、反馈信息时间、意见反馈处理程序和处理效果等内容。

三、完善服务水平评价标准

全国各地经济社会发展水平、风俗习惯、气候条件和居民环境行为等可能存在差异，居民对垃圾处理服务的评价标准也不尽相同。如果将范围限定在省域范围，则垃圾处理服务评价标准制定的外在差异会相对缩小。若能抽取出公众普遍关注且认同的服务项目制定绩效共性指标并制定绩效评价标准，则有利于在局部范围内规范PPP项目服务水平评价标准。对现有法律法规已制定明确标准的相关项目，如《生活垃圾焚烧发电厂自动监测数据应用管理规定》《垃圾塑料桶通用技术条件》《转运站技术维护技术规程》等，在PPP项目中使用的评价标准不宜低于已有技术标准。考虑到垃圾处理PPP项目持续期一般较长，项目运营期间的技术标准可能发生变化，政府和社会资本签订的合同中对于相关技术标准需要预留可能的变化空间。对需要政府和社会资本协商确定的难以定量描述的服务指标，如主干道的服务水平等级划分、居民区的清运效果等级划分和中转站的整洁状况等，可通过引入公众参与评价并提高公众评价指标比重为补充，避免绩效水平难以确定时导致的绩效监管能效降低。

四、均衡普通绩效指标对关键绩效指标的影响

政府需要在普通绩效指标的多样性和社会资本关键绩效指标的稳定性之间进行协调。PPP项目中，政府将垃圾处理服务供给交由社会资本直接向公众提供。相应地，与服务供给相关的绩效任务也需要由社会资本完成。首先，政府对垃圾处理服务的绩效指标制定思路仍然会延续政府供给模式下对环境效果的重视。其次，政府会将政府供给模式下隐性的绩效指标要求进行显化，并全面展现在垃圾处理PPP项目绩效指标制定中。最后，政府还需要考虑社会经济发展和居民行为变化对未来可能的社会需求进行预判，并将其尽量形成相应绩效要求写入垃圾处理PPP项目合约。所以，政府对垃圾处理PPP项目绩效指标体系的要求是动态多样的。根据前文的分析，对于社会资本来说，其进行服务供给决策时需要考虑的绩效指标却是相对稳定的。政府在合作谈判中需要将动态多样的指标转化为社会资本服务决策时相对稳定的关键绩效指标，才能准确判断社会资本的反应和绩效谈判的效果。

政府需要均衡关键绩效指标之间的互动和变化边界。社会资本按照政府提出的各类绩效要求进行垃圾处理服务供给决策时，最终都会转化为对服务数量、服务质量、社会资本努力、服务成本和技术效率水平等关键绩

效指标的决定。政府需要根据自己的先验信息对关键绩效指标之间的互动
关系和变化边界进行预判，充分演绎普通绩效指标变化给社会资本关键绩
效指标带来的影响，从而预测社会资本对关键绩效指标的调整，以此掌握
绩效指标之间的各种变化情况，最终为合理绩效指标体系构建及垃圾处理
PPP项目合作谈判奠定基础，为社会资本规范履约创造条件。

附　录

附表1　回归结果（Regression Weights）

变量关系	Estimate	S.E.	C.R.	P
技术<---社会资本努力	0.280	0.078	3.583	***
服务数量<---社会资本努力	0.116	0.054	2.161	.031
服务数量<---技术	−0.080	0.046	−1.757	.079
服务质量<---服务数量	0.147	0.088	1.671	.095
服务质量<---技术	0.108	0.056	1.941	.052
服务质量<---社会资本努力	0.070	0.064	1.089	.276
服务成本<---服务数量	0.296	0.095	3.108	.002
服务成本<---社会资本努力	0.201	0.069	2.909	.004
服务成本<---技术	0.194	0.060	3.229	.001
服务成本<---服务质量	−0.033	0.078	−.431	.667
技术水平<---技术	0.821	0.083	9.897	***
服务态度<---服务质量	1.044	0.128	8.146	***
密闭水平<---技术	1.000			
技术实现<---技术	0.548	0.062	8.799	***
采购效率<---社会资本努力	0.793	0.091	8.708	***
服务区域<---服务数量	1.336	0.151	8.855	***
服务效果<---服务质量	1.049	0.129	8.155	***
服务资质<---服务质量	1.000			
员工数量<---服务成本	1.000			
设备数量<---服务成本	0.942	0.107	8.798	***
材料数量<---服务成本	0.821	0.097	8.487	***

变量关系	Estimate	S.E.	C.R.	P
投入效率<---社会资本努力	0.729	0.085	8.601	***
工作强度<---社会资本努力	1.000			
服务频次<---服务数量	1.184	0.134	8.863	***
服务时间<---服务数量	1.000			

附表2　标准化回归系数（Standardized Regression Weights）

变量关系	Estimate
技术<---社会资本努力	0.249
服务数量<---社会资本努力	0.162
服务数量<---技术	−0.127
服务质量<---服务数量	0.124
服务质量<---技术	0.144
服务质量<---社会资本努力	0.083
服务成本<---服务数量	0.229
服务成本<---社会资本努力	0.218
服务成本<---技术	0.237
服务成本<---服务质量	−0.031
技术水平<---技术	0.730
服务态度<---服务质量	0.672
密闭水平<---技术	0.811
技术实现<---技术	0.548
采购效率<---社会资本努力	0.638
服务区域<---服务数量	0.704
服务效果<---服务质量	0.663
服务资质<---服务质量	0.646
员工数量<---服务成本	0.709
设备数量<---服务成本	0.694
材料数量<---服务成本	0.596
投入效率<---社会资本努力	0.612

续　表

变量关系	Estimate
工作强度<---社会资本努力	0.770
服务频次<---服务数量	0.684
服务时间<---服务数量	0.649

附表3　标准化因素载荷（Standardized Regression Weights）

变　量	Estimate	S.E.	C.R.	P
e1	0.268	0.033	8.039	***
e2	0.258	0.031	8.452	***
e3	0.330	0.031	10.785	***
e4	0.224	0.023	9.753	***
e5	0.260	0.029	8.822	***
e6	0.295	0.036	8.234	***
e7	0.320	0.035	9.256	***
e8	0.322	0.037	8.805	***
e9	0.304	0.036	8.556	***
e10	0.293	0.029	9.968	***
e11	0.219	0.035	6.206	***
e12	0.282	0.027	10.530	***
e13	0.209	0.038	5.444	***
e14	0.239	0.030	8.064	***
e15	0.283	0.023	12.069	***
e16	0.221	0.037	5.931	***
e17	0.157	0.027	5.770	***
e18	0.218	0.040	5.513	***
e19	0.318	0.047	6.719	***
e20	0.379	0.052	7.236	***

附表4　总效应（Total Effects）

变　量	社会资本努力	技　术	服务数量	服务质量	服务成本
技　术	0.280	0.000	0.000	0.000	0.000
服务数量	0.093	−0.080	0.000	0.000	0.000
服务质量	0.114	0.096	0.147	0.000	0.000
服务成本	0.279	0.167	0.291	−0.033	0.000
员工数量	0.279	0.167	0.291	−0.033	1.000
设备数量	0.263	0.157	0.274	−0.032	0.942
材料数量	0.229	0.137	0.239	−.027	0.821
服务效果	0.120	0.101	0.154	1.049	0.000
服务频次	0.110	−0.095	1.184	0.000	0.000
服务时间	0.093	−0.080	1.000	0.000	0.000
密闭水平	0.280	1.000	0.000	0.000	0.000
工作强度	1.000	0.000	0.000	0.000	0.000
服务态度	0.119	0.101	0.154	1.044	0.000
服务资质	0.114	0.096	0.147	1.000	0.000
采购效率	0.793	0.000	0.000	0.000	0.000
技术水平	0.230	0.821	0.000	0.000	0.000
技术实现	0.154	0.548	0.000	0.000	0.000
投入效率	0.729	0.000	0.000	0.000	0.000
服务区域	0.125	−0.107	1.336	0.000	0.000

附表5　标准化总效应（Standardized Total Effects）

变　量	社会资本努力	技　术	服务数量	服务质量	服务成本
技　术	0.249	0.000	0.000	0.000	0.000
服务数量	0.130	−0.127	0.000	0.000	0.000
服务质量	0.135	0.128	0.124	0.000	0.000
服务成本	0.303	0.204	0.226	−0.031	0.000
员工数量	0.215	0.145	0.160	−0.022	0.709
设备数量	0.211	0.142	0.157	−0.021	0.694
材料数量	0.181	0.122	0.134	−0.018	0.596

变　量	社会资本努力	技　术	服务数量	服务质量	服务成本
服务效果	0.089	0.085	0.082	0.663	0.000
服务频次	0.089	−0.087	0.684	0.000	0.000
服务时间	0.085	−0.082	0.649	0.000	0.000
密闭水平	0.202	0.811	0.000	0.000	0.000
工作强度	0.770	0.000	0.000	0.000	0.000
服务态度	0.090	0.086	0.083	0.672	0.000
服务资质	0.087	0.083	0.080	0.646	0.000
采购效率	0.638	0.000	0.000	0.000	0.000
技术水平	0.182	0.730	0.000	0.000	0.000
技术实现	0.136	0.548	0.000	0.000	0.000
投入效率	0.612	0.000	0.000	0.000	0.000
服务区域	0.092	−0.089	0.704	0.000	0.000

附表6　直接效应（Direct Effects）

变　量	社会资本努力	技　术	服务数量	服务质量	服务成本
技　术	0.280	0.000	0.000	0.000	0.000
服务数量	0.116	−0.080	0.000	0.000	0.000
服务质量	0.070	0.108	0.147	0.000	0.000
服务成本	0.201	0.194	0.296	−.033	0.000
员工数量	0.000	0.000	0.000	0.000	1.000
设备数量	0.000	0.000	0.000	0.000	0.942
材料数量	0.000	0.000	0.000	0.000	0.821
服务效果	0.000	0.000	0.000	1.049	0.000
服务频次	0.000	0.000	1.184	0.000	0.000
服务时间	0.000	0.000	1.000	0.000	0.000
密闭水平	0.000	1.000	0.000	0.000	0.000
工作强度	1.000	0.000	0.000	0.000	0.000
服务态度	0.000	0.000	0.000	1.044	0.000
服务资质	0.000	0.000	0.000	1.000	0.000

变　量	社会资本努力	技　术	服务数量	服务质量	服务成本
采购效率	0.793	0.000	0.000	0.000	0.000
技术水平	0.000	0.821	0.000	0.000	0.000
技术实现	0.000	0.548	0.000	0.000	0.000
投入效率	0.729	0.000	0.000	0.000	0.000
服务区域	0.000	0.000	1.336	0.000	0.000

附表 7　标准化直接效应（Standardized Direct Effects）

变　量	社会资本努力	技　术	服务数量	服务质量	服务成本
技　术	0.249	0.000	0.000	0.000	0.000
服务数量	0.162	−0.127	0.000	0.000	0.000
服务质量	0.083	0.144	0.124	0.000	0.000
服务成本	0.218	0.237	0.229	−0.031	0.000
员工数量	0.000	0.000	0.000	0.000	0.709
设备数量	0.000	0.000	0.000	0.000	0.694
材料数量	0.000	0.000	0.000	0.000	0.596
服务效果	0.000	0.000	0.000	0.663	0.000
服务频次	0.000	0.000	0.684	0.000	0.000
服务时间	0.000	0.000	0.649	0.000	0.000
密闭水平	0.000	0.811	0.000	0.000	0.000
工作强度	0.770	0.000	0.000	0.000	0.000
服务态度	0.000	0.000	0.000	0.672	0.000
服务资质	0.000	0.000	0.000	0.646	0.000
采购效率	0.638	0.000	0.000	0.000	0.000
技术水平	0.000	0.730	0.000	0.000	0.000
技术实现	0.000	0.548	0.000	0.000	0.000
投入效率	0.612	0.000	0.000	0.000	0.000
服务区域	0.000	0.000	0.704	0.000	0.000

附表8　间接效应（Indirect Effects）

变　量	社会资本努力	技　术	服务数量	服务质量	服务成本
技　术	0.000	0.000	0.000	0.000	0.000
服务数量	−0.023	0.000	0.000	0.000	0.000
服务质量	0.044	−0.012	0.000	0.000	0.000
服务成本	0.078	−0.027	−0.005	0.000	0.000
员工数量	0.279	0.167	0.291	−0.033	0.000
设备数量	0.263	0.157	0.274	−0.032	0.000
材料数量	0.229	0.137	0.239	−0.027	0.000
服务效果	0.120	0.101	0.154	0.000	0.000
服务频次	0.110	−0.095	0.000	0.000	0.000
服务时间	0.093	−0.080	0.000	0.000	0.000
密闭水平	0.280	0.000	0.000	0.000	0.000
工作强度	0.000	0.000	0.000	0.000	0.000
服务态度	0.119	0.101	0.154	0.000	0.000
服务资质	0.114	0.096	0.147	0.000	0.000
采购效率	0.000	0.000	0.000	0.000	0.000
技术水平	0.230	0.000	0.000	0.000	0.000
技术实现	0.154	0.000	0.000	0.000	0.000
投入效率	0.000	0.000	0.000	0.000	0.000
服务区域	0.125	−0.107	0.000	0.000	0.000

附表9　标准化间接效应（Standardized Indirect Effects）

变　量	社会资本努力	技　术	服务数量	服务质量	服务成本
技　术	0.000	0.000	0.000	0.000	0.000
服务数量	−0.032	0.000	0.000	0.000	0.000
服务质量	0.052	−0.016	0.000	0.000	0.000
服务成本	0.085	−0.033	−0.004	0.000	0.000
员工数量	0.215	0.145	0.160	−0.022	0.000
设备数量	0.211	0.142	0.157	−0.021	0.000
材料数量	0.181	0.122	0.134	−0.018	0.000

变　量	社会资本努力	技　术	服务数量	服务质量	服务成本
服务效果	0.089	0.085	0.082	0.000	0.000
服务频次	0.089	−0.087	0.000	0.000	0.000
服务时间	0.085	−0.082	0.000	0.000	0.000
密闭水平	0.202	0.000	0.000	0.000	0.000
工作强度	0.000	0.000	0.000	0.000	0.000
服务态度	0.090	0.086	0.083	0.000	0.000
服务资质	0.087	0.083	0.080	0.000	0.000
采购效率	0.000	0.000	0.000	0.000	0.000
技术水平	0.182	0.000	0.000	0.000	0.000
技术实现	0.136	0.000	0.000	0.000	0.000
投入效率	0.000	0.000	0.000	0.000	0.000
服务区域	0.092	−0.089	0.000	0.000	0.000

附表 10　因素得分权重（Factor Score Weights）

变　量	社会资本努力	技　术	服务数量	服务质量	服务成本
员工数量	0.022	0.021	0.016	−0.001	0.276
设备数量	0.022	0.02	0.015	−0.001	0.27
材料数量	0.015	0.014	0.011	−0.001	0.184
服务效果	0.007	0.01	0.007	0.222	−0.001
服务频次	0.008	−0.012	0.202	0.009	0.019
服务时间	0.008	−0.012	0.198	0.009	0.019
密闭水平	0.022	0.418	−0.013	0.015	0.027
工作强度	0.377	0.021	0.008	0.01	0.027
服务态度	0.007	0.01	0.007	0.234	−0.001
服务资质	0.007	0.01	0.006	0.213	−0.001
采购效率	0.224	0.012	0.005	0.006	0.016
技术水平	0.016	0.301	−0.009	0.01	0.019
技术实现	0.009	0.169	−0.005	0.006	0.011
投入效率	0.213	0.012	0.005	0.006	0.015
服务区域	0.008	−0.012	0.201	0.009	0.019

附表 11　多重相关平方（Squared Multiple Correlations）

变　量	Estimate
社会资本努力	0.000
技　术	0.062
服务数量	0.032
服务质量	0.048
服务成本	0.181
员工数量	0.502
设备数量	0.482
材料数量	0.355
服务效果	0.439
服务频次	0.467
服务时间	0.421
密闭水平	0.659
工作强度	0.593
服务态度	0.451
服务资质	0.418
采购效率	0.406
技术水平	0.533
技术实现	0.300
投入效率	0.375
服务区域	0.496

附表 12　方差（Variances）

变　量	Estimate	S.E.	C.R.	P
e1	0.268	0.033	8.039	***
e2	0.258	0.031	8.452	***
e3	0.330	0.031	10.785	***
e4	0.224	0.023	9.753	***
e5	0.260	0.029	8.822	***
e6	0.295	0.036	8.234	***

续 表

变 量	Estimate	S.E.	C.R.	P
e7	0.320	0.035	9.256	***
e8	0.322	0.037	8.805	***
e9	0.304	0.036	8.556	***
e10	0.293	0.029	9.968	***
e11	0.219	0.035	6.206	***
e12	0.282	0.027	10.530	***
e13	0.209	0.038	5.444	***
e14	0.239	0.030	8.064	***
e15	0.283	0.023	12.069	***
e16	0.221	0.037	5.931	***
e17	0.157	0.027	5.770	***
e18	0.218	0.040	5.513	***
e19	0.318	0.047	6.719	***
e20	0.379	0.052	7.236	***

附表 13　模型适应性指标汇总（Model Fit Summary）

CMIN

Model	NPAR	CMIN	DF	P	CMIN/DF
Default model	40	86.565	80	0.288	1.082
Saturated model	120	0.000	0		
Independence model	15	1272.981	105	0.000	12.124

RMR, GFI

Model	RMR	GFI	AGFI	PGFI
Default model	0.019	0.971	0.956	0.647
Saturated model	0.000	1.000		
Independence model	0.094	0.653	0.604	0.572

Baseline Comparisons

Model	NFI Delta1	RFI rho1	IFI Delta2	TLI rho2	CFI
Default model	0.932	0.911	0.994	0.993	0.994
Saturated model	1.000		1.000		1.000
Independence model	0.000	0.000	0.000	0.000	0.000

Parsimony-Adjusted Measures

Model	PRATIO	PNFI	PCFI
Default model	0.762	0.710	0.758
Saturated model	0.000	0.000	0.000
Independence model	1.000	0.000	0.000

NCP

Model	NCP	LO 90	HI 90
Default model	6.565	0.000	33.259
Saturated model	0.000	0.000	0.000
Independence model	1167.981	1056.723	1286.658

FMIN

Model	FMIN	F0	LO 90	HI 90
Default model	0.225	0.017	0.000	0.087
Saturated model	0.000	0.000	0.000	0.000
Independence model	3.315	3.042	2.752	3.351

RMSEA

Model	RMSEA	LO 90	HI 90	PCLOSE
Default model	0.015	0.000	0.033	1.000
Independence model	0.170	0.162	0.179	0.000

AIC

Model	AIC	BCC	BIC	CAIC
Default model	166.565	170.043	324.695	364.695
Saturated model	240.000	250.435	714.389	834.389
Independence model	1302.981	1304.285	1362.280	1377.280

ECVI

Model	ECVI	LO 90	HI 90	MECVI
Default model	0.434	0.417	0.503	0.443
Saturated model	0.625	0.625	0.625	0.652
Independence model	3.393	3.103	3.702	3.397

HOELTER

Model	HOELTER .05	HOELTER .01
Default model	452	499
Independence model	40	43

主要参考文献

[1]包国宪,刘强强.地方政府绩效管理制度持续发展的路径研究[J].北京理工大学学报(社会科学版),2021,23(02):81-91.

[2]程敏,刘亚群.基于特许期调整的城市污水处理PPP项目再谈判博弈研究[J].软科学,2021(05):89-99.

[3]杜焱强,吴娜伟,丁丹,等.农村环境治理PPP模式的生命周期成本研究[J].中国人口·资源与环境,2018,28(11):162-170.

[4]凤亚红,李娜,左帅.PPP项目运作成功的关键影响因素研究[J].财政研究,2017(06):51-58.

[5]弗里曼.战略管理:利益相关者方法[M].王彦华,梁豪,译.上海:上海译文出版社,2006.

[6]高小平,盛明科,鄢洪涛.湖南省岳阳县党政管理绩效评估的调查与思考[J].中国行政管理,2011(01):111-113.

[7]高颖,张水波,冯卓.不完全合约下PPP项目的运营期延长决策机制[J].管理科学学报,2014(02):48-57.

[8]龚文娟.城市生活垃圾治理政策变迁:基于1949—2019年城市生活垃圾治理政策的分析[J].学习与探索,2020(02):28-35.

[9]赖丹馨,费方域.公私合作制(PPP)的效率:一个综述[J].经济学家,2010(07):97-104.

[10]李林,刘志华,章昆昌.参与方地位非对称条件下PPP项目风险分配的博弈模型[J].系统工程理论与实践,2013,33(8):1940-1948.

[11]刘承毅,王建明.声誉激励、社会监督与质量规制:城市垃圾处理行业中的博弈分析[J].产经评论,2014,5(02):93-106.

[12]刘承毅.市场化改革下中国城市垃圾处理行业绩效研究[J].浙江工

商大学学报,2014(02):89-101.

[13]刘小峰,张成.邻避型PPP项目的运营模式与居民环境行为研究[J].中国人口·资源与环境,2017(27):99-106.

[14]刘笑霞.论我国政府绩效评价的价值取向[J].北京理工大学学报(社会科学版),2011,13(06):9-14,30.

[15]马恩涛,李鑫.PPP模式下项目参与方合作关系研究:基于社会网络理论的分析框架[J].财贸经济,2017,38(07):49-63,77.

[16]欧纯智,贾康.PPP是公共服务供给对官僚制范式的超越:基于我国公共服务供给治理视角的反思[J].学术界,2017(07):79-90.

[17]欧纯智.政府与社会资本合作的善治之路:构建PPP的有效性与合法性[J].中国行政管理,2017(01):57-62.

[18]亓霞,王守清,李湛湛.对外PPP项目融资渠道比较研究[J].项目管理技术,2009,7(06):26-32.

[19]任志涛,刘逸飞.基于演化博弈的PPP项目信任传导机制研究[J].地方财政研究,2017(10):33-41.

[20]宋波,徐飞.基于多目标群决策迭代算法的PPP项目合作伙伴选择[J].系统管理学报,2011,20(06):690-695.

[21]宋国君,孙月阳,赵畅,等.城市生活垃圾焚烧社会成本评估方法与应用:以北京市为例[J].中国人口·资源与环境,2017,027(08):17-27.

[22]宋辉.利益相关者视角下的科技创新领域公私合作(PPP)模式构建研究[J].科学管理研究,2019,37(02):146-151.

[23]宋金波,靳璐璐,付亚楠.高需求状态下交通BOT项目特许决策模型[J].管理评论,2016,28(05):199-205.

[24]汪平,苏明,张志.资本成本与政府规制文献述评[J].财政研究,2016(05):102-112.

[25]王欢明,陈佳璐.地方政府治理体系对PPP落地率的影响研究:基于中国省级政府的模糊集定性比较分析[J].公共管理与政策评论,2021,10(01):115-126.

[26]王健,汪伟勃.英俄PPP模式的比较及对中国的启示:基于KPI方法的研究[J].复旦学报(社会科学版),2017,59(04):125-133.

[27]王俊豪.英国公用事业的民营化改革及其经验教训[J].公共管理学报,2006,3(01):65-70,78.

[28]王蕾,武永春,刘欣葵.城市人居环境满意度指数调查研究:基于北京市内六个城区的实证分析[J].行政论坛,2012,19(06):90-94.

[29]王泽彩,杨宝昆.中国政府与社会资本合作(PPP)项目绩效目标与绩效指标体系的构建[J].财政科学,2018(11):9-20.

[30]王哲,顾昕.标尺竞争:政府管制与购买的激励效应[J].公共行政评论,2015,8(06):9-24.

[31]吴建南,高小平.行风评议:公众参与的政府绩效评价研究进展与未来框架[J].中国行政管理,2006(04):22-25.

[32]席北斗,侯佳奇.我国村镇垃圾处理挑战与对策[J].环境保护,2017,45(14):7-10.

[33]肖万,孔潇.政府补贴、绩效激励与PPP模式的收益分配[J].工业技术经济,2020,39(12):3-12.

[34]薛澜,李宇环.走向国家治理现代化的政府职能转变:系统思维与改革取向[J].政治学研究,2014(05):61-70.

[35]薛立强,范文宇.城市生活垃圾管理中的公共管理问题:国内研究述评及展望[J].公共行政评论,2017,10(01):172-196.

[36]薛涛.环保产业供给侧改革:四个着力点上寻求突破 供给侧改革下的环保产业发展思考(下篇)[J].中国战略新兴产业,2016(09):77-79.

[37]杨宏伟,何建敏,周晶.在BOT模式下收费道路定价和投资的博弈决策模型[J].中国管理科学,2003,11(02):30-33.

[38]杨屹,郭明靓,扈文秀.环保基础设施BOT项目特许权期的期权博弈分析[J].中国人口·资源与环境,2007,17(02):32-35.

[39]袁诚,陆晓天,杨骁.地方自有财力对交通设施类PPP项目实施的影响[J].财政研究,2017(06):26-39,50.

[40]张红凤,杨慧.规制经济学沿革的内在逻辑及发展方向[J].中国社会科学,2011(06):56-66.

[41]张孝德,何建莹,王晓莉.分布式、在地化、资源化、微循环再造:探索基于中国智慧的垃圾治理新模式[J].行政管理改革,2021(02):35-41.

[42]张旭霞.高绩效政府的创建与公信力问题[J].中国行政管理,2008 (01):52-54.

[43]郑方辉,李莹.反腐败绩效:腐败治理的目标与逻辑[J].行政论坛, 2020,27(06):26-33.

[44]郑方辉,廖逸儿,卢扬帆.财政绩效评价:理念、体系与实践[J].中国 社会科学,2017(04):84-108,207-208.

[45]植草益.微观规制经济学[M].朱绍文,译.北京:中国发展出版社, 1992.

[46]周晶,陈星光,杨宏伟.BOT模式下的收费道路价格控制机制[J].系 统工程理论与实践,2008(02):148-152,157.

[47]周正祥,张秀芳,张平.新常态下PPP模式应用存在的问题及对策 [J].中国软科学,2015(09):82-95.

[48]周志忍.论政府绩效评估中主观客观指标的合理平衡[J].行政论 坛,2015,22(03):37-44.

[49]朱方伟,孙谋轩,王琳卓,等.地方政府在存量PPP项目中价值冲突 的研究:一个基于网络的视角[J].公共管理学报,2019,16(02):131-146,175.

[50]朱广忠.西方国家政府绩效评估:特征、缺陷及启示[J].中国行政管 理,2013(012):106-109.

[51]朱青,张维,罗志红.生产者责任视阈下的城市生活垃圾分类多元主 体序贯决策分析[J].企业经济,2020(02):24-30.

[52]邹东升,包倩宇.城市水务PPP的政府规制绩效指标构建:基于公共 责任的视角[J].中国行政管理,2017(07):98-104.

[53]ANNA YA NI. The Risk-Averting Game of Transport Public-Private Part-nership[J]. Public Performance & Management Review, 2012, 36(2):253-274.

[54]CLIFTON C, DUFFIELD C F. Improved PFI/PPP service outcomes through the integration of Alliance principles[J]. International Journal of Project Manage-ment, 2006, 24(7):573-586.

[55]ENGEL E, FISHER R, GALETOVIC A. Highway franchising: Pitfalls and opportunities[J]. American Economic Review, 1997(87):68-72.

[56]JONES T M. Instrumental stakeholder theory:A synthesis of ethics and eco-

nomics[J]. Academy of Management Review, 1995(20):404−437.

[57]KUMARI J. Public – private partnerships in education: An analysis with special reference to Indian school education system[J]. International Journal of Educational Development, 2016(47):47−53.

[58]OSEIKYEI R, CHAN A P C. Developing a project success index for public−private partnership projects in developing countries[J]. Journal of Infrastructure Systems, 2017, 23(4):1−12.

[59]SAMUELSON P A. The pure theory of public expenditure[J].Review of Economics and Statistics,1954(36):387−389.

[60]THORPE J. Procedural Justice in Value Chains Through Public−private Partnerships[J].World Development, 2018(103):162−175.

[61]VISCUSI K W, VERNON J M, JR J H E. Economics of regulation and antitrust[M]. MIT Press, 2000.